柔性直流电网工程技术丛书

柔直换流站水冷系统运检技术

柔性直流电网工程技术丛书编委会　组编

中国电力出版社
CHINA ELECTRIC POWER PRESS

内 容 提 要

本书对直流输电工程换流站的换流阀和高压直流断路器冷却系统的运检技术进行了全面的介绍,并结合实际换流站工程应用中的运行、维护、检修的宝贵经验,对换流阀和高压直流断路器冷却系统的运行维护和检修试验进行了总结。

本书共分为 5 章,分别为水冷系统概述、水冷系统结构、水冷系统运维技术、水冷系统检修技术、水冷系统展望。

本书可供直流输电工程运行、检修、试验相关专业技术和科研人员使用,可供换流阀和高压直流断路器冷却系统的设备制造厂家及设计单位专业技术人员使用,也可作为高校相关专业师生学习、参考的资料,还可作为从事直流输电工程运维检修相关工作的技术人员的培训教材。

图书在版编目(CIP)数据

柔直换流站水冷系统运检技术/柔性直流电网工程技术丛书编委会组编. --北京:中国电力出版社,2024.12. --(柔性直流电网工程技术丛书). -- ISBN 978-7-5198-9317-0

Ⅰ. TM63

中国国家版本馆 CIP 数据核字第 202422SA69 号

出版发行:中国电力出版社
地　　址:北京市东城区北京站西街 19 号(邮政编码 100005)
网　　址:http://www.cepp.sgcc.com.cn
责任编辑:罗晓莉
责任校对:黄　蓓　王小鹏
装帧设计:赵姗姗
责任印制:吴　迪

印　　刷:廊坊市文峰档案印务有限公司
版　　次:2024 年 12 月第一版
印　　次:2024 年 12 月北京第一次印刷
开　　本:710 毫米×1000 毫米　16 开本
印　　张:7.25
字　　数:134 千字
定　　价:66.00 元

版 权 专 有　侵 权 必 究
本书如有印装质量问题,我社营销中心负责退换

《柔性直流电网工程技术丛书》编委会

主　任	徐　驰				
副主任	李永东	樊小伟	蓝海波	王　珣	张宝华	刁彦平
	贺俊杰	王书渊	李　鹏	吕志瑞	赵明星	
委　员	蔡　巍	刘靖国	张兆广	杨大伟	刘　博	顾　颖
	李振动	金海望	黄　彬	杨敏祥	李金卜	安海清
	张晓飞	田凯哲	柳　杨			
主　编	张宝华	贺俊杰				
副主编	李振动	赵　栋	李金卜	金海望	张晓飞	安海清
	杨大伟	黄　彬	杨敏祥			
参　编	顾　颖	赵占明	张增明	黄晓乐	郝　震	季一润
	田凯哲	李　涛	柳　杨	于　勇	赵盛国	张青元
	张国华	江　龙	刘心旸	蒋云飞	刘宪辉	李　根
	鲍广德	宁　亮	滕孟锋	薛　卿	周志文	陈思宇
	王斐然	刘　健	张　贲	梁洪录	张瑞叶	董海飞
	陈学良	翟永尚	白佳琦	甘　帅	张亚晨	夏周武
	李亚明	张　星	刘　鹏	高宏达	赵凯曼	李　帅
	张建兴	徐竞争	覃　晗	檀英辉	刘　博	马迎新
	庄　博	范登博	廉田亮	王俊杰	冯玉奇	陈宇飞
	郑博谦	宋建亮	李应东	薛力恒	吴　淘	刘　恒
	黄小龙	王大中	毛　婷	于恒康	牛　铮	王　翀
	杨云波	张建勋	穆凌杰	王玉强	郭　飞	柏　峰
	刘启蒙	周生海	范彩杰	李泠萱	刘　洁	田春雨
	宁　琳	马　楠	段福东	冯学敏	陈习文	闫玉鑫
	吴思源	张兴磊	杨　杰	余黎明	徐　浩	郑全泽
	安永桥	吕越颖				

前　言

　　换流阀和高压直流断路器冷却系统是直流输电工程换流站中最重要的辅助设备，它们的主要作用是将换流阀和高压直流断路器中各元器件在运行中所产生的热量传导散发到室外环境中，从而保证在各元器件运行时其内部结温始终保持在允许的结温之内，使其在正常的温度范围内工作。冷却系统的运行直接关系到换流阀和高压直流断路器能否正常工作，其一旦出现问题甚至会导致换流阀和高压直流断路器的闭锁。然而，冷却系统在直流输电工程换流站中属于辅助设备，在日常运检过程中容易被忽视，而且缺乏系统完整的运检技术资料供运检人员参考学习。

　　为提高直流输电工程换流站运检人员的技能水平，保证换流阀和高压直流断路器冷却系统的安全稳定运行，特组织相关人员编写此书，以期为从事直流输电工程中换流阀和高压直流断路器冷却系统设备运行维护的一线技术人员、换流站运检人员和研究开发人员提供参考和指导。

　　本书内容共分为5章，第1章是换流站水冷系统概述；第2章对换流站水冷系统结构进行了详细说明；第3章和第4章分别对换流站水冷系统的运维技术和检修技术进行了详细说明；第5章对换流站水冷系统进行了一些展望。

　　本书在编写过程中得到了南京南瑞继保电气有限公司、河南晶锐冷却技术股份有限公司、广州高澜节能技术股份有限公司等单位的大力支持和帮助，特在此深表感谢！

　　限于编者水平和经验，书中难免有疏漏之处，望读者批评指正。

编者

2024 年 8 月

目　录

水冷系统概述

1.1　水冷系统的技术需求

高压直流技术从 20 世纪 50 年代开始应用于实际送电。经过半个多世纪的发展，它的技术逐步趋于成熟，其在远距离大容量输电、电力系统非同步互联和海底送电等方面具有独特的优势，作为交流输电的有力补充，在世界范围内得到了广泛的应用。截至目前，包括在建工程在内，世界上已有近百个直流输电工程，遍布五大洲的 20 多个国家。

我国能源供给主要在西部，与需求呈逆向分布，这就需要在广袤的国土内进行能源的优化配置。目前，我国已开始在西北富煤地区和西南水电富集地开发多个大型煤电基地和水电基地。为了实现能源的优化配置，我国正在积极开展长距离跨区域电网的建设，向能源匮乏而又需求旺盛的中东部经济发达地区进行大规模送电。由于技术优势，高压直流输电系统是远距离跨区域送电的重要组成部分，截至 2023 年，国家电网有限公司系统内已投运直流工程 34 个，共67 座换流站，总输送容量达 6791 亿千瓦时，我国已成为全世界直流送电量最大、直流送电项目最多、直流电压等级最高的国家。

电力电子设备通过晶闸管、功率场效应晶体管（MOSFET）、绝缘栅双极晶体管（IGBT）等核心功率器件及辅助电路实现对电能的转换和控制。随着高铁、电动汽车、储能、智慧用能等技术的快速发展，能源需求侧电能替代是大势所趋，能源供给侧风光等清洁能源主要通过转化为电能的形式进行利用，电气化水平的快速提升带动了电力电子设备的市场需求。如同发动机在将化学能转化为机械能的过程中产生大量热量一样，电力电子器件在进行电能转换的过程中也会产生热量，因此散热已经成为影响电力电子设备可靠性的至关重要的因素。

一个完整的直流输电工程，或者说直流换流站，一般根据以下几大功能区进行划分：直流场、流器（包括换流变和换流阀）、交流场（包括交流场开关和交流滤波器）以及站用电、阀水冷、消防等辅助功能区。其中，阀水冷系统是一个较特殊的系统，理论上它一般被划归为辅助系统，但在实际运行管理中却处于核心设备地位，因为阀水冷系统直接关系着一个换流站内最核心、技术含量最高、造价也最昂贵的换流阀的运维状况。不同的年代、不同的工程、不同的厂家技术使得各个换流站的换流阀水冷系统呈现出不同的特点。

作为直流输电系统的核心设备，换流阀运行时，阀体内会通过大电流并由此产生高热量，使阀体内的各元件温度急剧上升。阀水冷系统是一个密闭的循环系统，它通过冷却液的不断流动带走阀体内各元件由于消耗功率产生的热量。阀水冷系统作为直流输电中必不可少的系统，它的工作状况将直接影响整个直流系统的安全运行。阀水冷系统保护的种类繁多，当故障发生时，有些阀水冷系统保护会启动极闭锁功能，导致丢失负荷，引起电网波动，所以对阀水冷系统保护策略进行分析研究具有重要意义。

1.2 水冷系统的发展历程

直流输电技术要求在输电线的送端将交流电变为直流电，在其受端再将直流电转变为交流电，它的可行性和优越性取决于高电压大功率换流器。在更好的换流器被研制出来之前，由法国工程师雷诺·杜里设计的杜里直流系统（Thury-system）成为早期著名的高压直流输电模式。从1880年到1911年，欧洲至少安装了19个杜里系统，基本上用于水电，然而直流电机的缺陷使得它无法再适应后来更大传输功率的需求，直流输电需要研发出比电动机-发电机组更好的换流器。1928年，既能用于整流也能用于逆变的汞弧阀研发成功，它的发明使直流大功率输电得以实现。从1954年世界上第一个工业性直流输电工程（果特兰岛直流）在瑞典投入运行，到1977年最后一个采用汞弧阀换流的直流工程（加拿大纳尔逊河Ⅰ期）建成，世界上共有12项采用汞弧阀换流的直流工程投入运行。但汞弧阀制造技术复杂、价格昂贵、逆弧故障率高、可靠性较低、运行维护不便、危害人体健康等，使得直流输电的发展受到限制。

20世纪70年代以后，高压大功率晶闸管问世，其极大地提升了直流输电的运行性能和稳定性，推动了直流技术的进一步发展。晶闸管换流阀不存在逆弧问题，而且制造、试验、运行维护和检修都比汞弧阀简单。1970年瑞典首先在果特兰岛直流工程上扩建了直流电压50kV、功率10MW、采用晶闸管换流阀的试验工程；1972年世界上第一个采用晶闸管换流的伊尔河背靠背直流工程在加拿大投入运行。由于晶闸管换流阀与汞弧阀相比有明显的优点，所以后续的新建工程均使用晶闸管换流阀，早期工程被用了晶闸管阀的工程所取代。目前世界上绝大多数的直流输电工程均采用晶闸管换流阀。

我国高压直流输电起步较晚，1977年建成了一条31kV直流输电工业性试验电缆线路，1987年自行研制、建设了浙江舟山海底直流输电工程（电压±100kV，输电容量5kW），并于1989年投运了±500kV的葛南直流输电工程（输电容量

1200MW）。随着我国经济的发展，电力需求猛增，但我国国土面积广阔，资源分布不均，三分之二的水资源分布在西部地区，三分之二左右的煤矿资源集中在中西部经济欠发达地区，而我国的电力消费主要集中在东南部经济发达地区。一次能源分布与电力消费之间逆向分布的冲突决定了我国需建设一批大容量、远距离的输电工程，将中西部能源基地的电力送往东南部经济发达地区。高压直流输电技术由于具有电压等级高、送电量大、距离长和便于电网互联的优点，近年来在国内迅速发展，已成为我国长距离跨区域送电的重要组成部分。

我国早期的高压直流输电工程（葛南直流和天广直流）中，从工程设计到设备制造完全依赖国外公司。随着我国直流工程数量的不断增加，为扶持壮大民族工业，党中央、国务院提出了直流工程建设国产化的指导方针。在接下来的三峡–常州直流输电工程中，一方面仍然进行设备引进，另一方面加快了相关技术的引进和转让，部分核心设备（如换流阀、换流变等）在国内进行了试生产，这是我国直流输电设备国产化的开端。此后，国内各生产厂家加大直流技术的吸收转化力度，设备的生产制造、工艺及品质水平等都有了不同程度的提高，并逐渐掌握了直流输电技术的核心内容，国产化水平获得了突破性进展。三沪直流和兴安直流工程采用中方为主、联合设计、合作生产、外方把关的建设模式，设备国产化水平达到70%。2005年7月正式投运的灵宝背靠背直流工程，是我国第一个完全国产化的直流工程，从设计、制造、施工到工程管理，全部由国内生产企业负责，全面实现了国产化要求。

电力电子器件热量传输方式主要分为热传导、热对流和热辐射3种，其中从芯片到散热器的热传导以及从散热器到周围环境的热对流为主要的热量传输方式。因此电力电子设备的散热设计主要从这两方面入手，常见的散热方式按其从散热器带走热量的方式不同可分为被动散热、主动散热及热电冷却等。其中，被动散热主要包括常见的自然对流，间接接触的气液、固液相变冷却，及直接接触的浸没式液体冷却和相变冷却等；主动散热则包括常见的强迫风冷散热、强迫液冷散热等方式。在研发新的散热技术的同时，技术人员对已有的散热方式也在不断地进行优化和改进，以充分发挥已有散热方式的散热能力。

下面将对水冷冷却系统的各种方式进行对比介绍。

1. 空气冷却

流体冷却分为空气冷却和液体冷却及相变、非相变主动冷却等冷却方式。空气冷却技术以空气为传热介质，利用空气本身热胀冷缩产生的浮生力，使散热器翅片周围空气流动，实现热空气和冷空气之间的交换。相比于其他散热方式，空气冷却不需要额外提供能量，结构简单，运行可靠，基本不需要维护，因此在热流密度不大的场合应用十分广泛。由于散热结构简单，因此针对空气冷却的研究主要以优化散热结构及安装方向为主,近年来以场协同原理为理论支撑的散热研究开展得较多。

与空气冷却相比空气冷却的空气的运动是依靠风扇来提供动力,由于空气的运动速度大大提高,因此其散热能力更强,热流密度明显高于自然对流散热,约为自然风冷的 5~10 倍。强迫风冷散热结构的设计研究主要包括热沉结构参数设计、散热风扇的选型及流体风道设计等方面,只有以上三方面设计使散热面积、空气流量和空气压降达到平衡,才能使强迫风冷散热发挥最佳效果。由于强迫风冷散热效果明显好于自然风冷,且散热效果不如强制液冷,但其复杂程度、体积、重量和后期维护方面明显优于液冷,因此其在大功率电力电子器件的热设计中得到了广泛应用和快速发展。

2. 液体冷却

液体冷却包括直接液体冷却和间接液体冷却,直接液体冷却又包括浸泡、喷淋和射流等方式。间接液体冷却包括制冷、冷板、热管等冷却方式。

散热结构中热源产生的热量通过导热的方式经器件封装和液冷板,最终传递给冷却液体,受热后的液体在泵的作用下被输送到换热器部分,最终热量经换热器散发到周围环境中。强迫液冷通过冷却液体将热源处的热量转移到换热器部分,与热源直接接触的是液体,由于液体的导热性明显高于空气,因此其散热效果明显优于强迫风冷散热,其散热能力约为强迫风冷的 6~10 倍。在液冷散热中采用导热性更佳的介质能够显著提高散热效果,王德辉提出将液态金属作为冷却工质应用于电力电子器件散热系统中的热展开环节,并通过仿真和实验的方法验证了液态金属应用于大功率电力电子器件液冷散热的可能性。由于系统中有液体存在,故需要考虑液体的更换和液体泄漏对器件的损坏等问题,且强迫液冷对液体可靠性和管路系统要求较高,再加上系统结构复杂、零部件较多、体积及质量明显大于风冷散热等,因此对其应用环境有一定限制。

热管散热同样是利用液体相变传热原理,热管内部饱和液体从高温侧吸收热量而汽化,饱和蒸汽流动到低温侧放热并冷凝成液体,在重力或毛细力作用下回流到高温侧继续参与吸、放热循环。热管散热虽然是被动式散热,但其具有其他金属难以比拟的优秀导热能力,因而具有广阔的应用前景,近年来各种形式的热管散热技术发展迅速。

微型热管冷却技术适用于紧凑轻薄型电子设备,但由于尺寸微小,微型热管在设计方面有一定的难度;射流冲击换热技术为物体表面提供了大量热传递,但射流冲击的传热机制尚未达成共识,研究透彻。

3. 相变冷却

相变冷却是一种流体冷却的技术形式,利用材料相变吸热原理,将热源发出的热量转化为相变潜热,最终经再次相变释放到环境中去。按相变介质与器件是否直接接触，其可分为直接相变散热和间接相变散热两种。直接相变散热中电子元器件直接浸没在散热介质中，器件产生的热量直接传导给相变介质，介质通过对流和相变将热量向外界环境传播，因此在相变介质的选取中需要充分考虑材料的导电性、沸点、流动性等因素。间接相变散热中由于相变介质不与器件直接接触，热源产生的热量是经热界面材料、外壳传导给相变介质的，因此对介质的导电性无要求，但整体传热效果受热界面材料和壳体导热率的影响较大。

4. 热电冷却

热电冷却是固体冷却的一种，属于主动冷却，它利用的是半导体材料的帕尔贴效应，即电流流经两种不同材料界面时，将从外界吸收或放出热量。近年来随着半导体材料制造技术的发展，热电冷却方式发展迅速。虽然热电冷却的制冷端能够显著降低热源的温度，但其总的散热能力受限于热端的散热能力，因此系统整体的散热效果与热端散热方式密切相关。热电冷却中热端需采取一定的散热措施，导致整体散热系统较为复杂且笨重，因此限制了它的应用。

5. 微通道冷却

微通道是指流体当量直径在 $10 \sim 1000\,\mu m$ 范围内的管道或者通道，是一种强化换热结构。微通道冷却技术的工作原理为：泵驱动液体，使液体在压差作用下流动，与发热器件进行热交换；液体吸收热量后发生相变，形成气体，最后通过冷凝器再次进行换热，将气体相变为液体，达到冷却发热电子芯片的目的。可以通过用纳米流体作为冷却剂、微通道几何优化、双层微通道和波浪型微通道等一系列传热强化技术来提高微通道的换热能力。

微通道冷却具有传热性能高，结构设计合理，样式多样等优点。在小型化的电子工业中，微通道冷却技术因为具有高热流密度而成为有应用前景的冷却方法。但微通道横截面积相对较小，液体通过微通道时温度升高，会导致温度太高或与热电芯片不匹配等问题。虽然通过逐步提高流量或增加工作压力可以降低温升，但是无法从根本上有效解决温升问题。使用增大温度梯度的方法虽然可以有效解决温升问题，但会使结构更加复杂，而且压降增大。

微通道冷却技术和喷雾相变冷却技术在电子芯片冷却技术中是未来发展潜力较大的两种散热技术，但微通道的横截面面积相对较小，流过微通道的单相液体将产生较大的温升，导致热应力太高，此外还有不匹配热电子芯片等问题；而喷雾相变冷却技术由于喷射压力过大、液体喷射冷却的不均匀性等限制了其推广。

综上所述，电力电子器件的冷却应结合不同的场合和散热条件选择散热方式。未来可以将不同的散热技术相结合，利用混合冷却的方法，实现对高热流密度电子元件温度的有效控制。

第1章

一直以来，2003 年之前的相关技术掌握在两家公司手中，从设备的研发制造、出厂试验、现场安装直至前期的现场管理，所有阀水冷系统的核心技术均由 ABB 和西门子两家公司掌控。随着工程运维经验的不断积累以及工程技术的不断引进，同时通过与外商进行技术合作，加大技术引进与消化、科研攻关以及工程试验，国内各相关企业逐步掌握了阀水冷系统的核心技术。2003 年广州高澜公司中标灵宝背靠背换流站阀水冷系统，开启了阀水冷设备制造的国产化之路。在直流设备制造国产化发展趋势的推动下，国内具有自主知识产权的阀水冷设备在直流输电系统中的使用率不断提高，并逐渐在国内外市场中占据了主导地位，全面引领了换流站阀水冷设备制造产业的发展。

1.3　水冷系统的技术特点

从我国情况来看，大量的煤炭资源和清洁能源集中在西部、北部，而用电负荷中心却集中在中东部地区，因此我国需要解决电力跨区域大规模流动的难题。特高压直流输电技术尤其是柔性直流输电可以解决这一难题，是我国电力输送难题的最佳解决方案。人们对清洁能源和环境可持续发展的关注越来越多，与此同时大量电动汽车和电动机车投入使用，这些都需要大量的电力电子器件。

20 世纪 90 年代商业化运行的第一批直流换流站基本都采用了阀水冷技术，因为那时国内换流站的核心设备基本都依靠全盘进口，从设备的研发制造、出厂试验、现场安装直至前期的现场管理，所有的核心技术基本都由瑞典厂家掌控。

随着工程运维实际经验的不断积累和工程技术的不断引进，许继、南瑞、高澜等一批国内生产厂商快速成长起来，设备的国产化率稳步提升，1998 年以来 20 世纪 90 年代末的 1998 年直至现如今的 2023 年以后，中国直流输电工程对外国设备和技术的依赖程度不断下降，阀水冷系统从最初的全进口，逐渐演变为外冷水或水处理系统国产化，直至最终实现全面国产化。如今，国内直流换流站的阀水冷系统呈现三足鼎立的态势，截至 2023 年底，许继、南瑞、高澜三家厂商几乎包揽了中国整个直流输电工程的 54 个直流换流站的阀水冷系统。

高压大功率 IGBT 器件是一种全控性功率电子器件，是高压大容量电力换流和控制装备的核心器件。智能电网工程中，这些装备主要包括：①可再生能源电力汇集与并网装备，包括并网逆变器、无功补偿器、虚拟同步机、直流变流器、直流变压器等；②交直流输电与组网装备，包括可控补偿器、潮流控制器、柔性直流换流阀、直流断路器等；③电力灵活应用装备，包括电力电子变压器等。此外，在可再生能源发电领域，电动汽车、电力轨道牵引等领域均占据核心地位。

随着容量需求的日益增长，电力电子器件的功率密度也在不断上升。依据北京航空航天大学 2018 年对焊接式 IGBT 模块发展的技术统计，自 20 世纪 90 年代起，第一代焊接式 IGBT 模块的理想功率密度已经达到 $35kW/cm^2$。而发展至今，焊接式封装的发展已日益成熟。一方面，封装内集成芯片的工艺水平不断成熟，集成芯片的数量不断增加，同时单个芯片的功率等级也在不断上升；另一方面基板的焊接工艺及材料均不断改善，致使封装的散热能力不断提高。到第六代焊接型 IGBT 模块，其理想功率密度已经达到 $170kW/cm^2$，并预测下一代功率封装可达到 $250kW/cm^2$。

电力电子冷却装置是针对电力电子器件热设计技术而生产的一系列设备，主要作用是保障电力电子器件正常工作，其冷却对象为以电力电子器件为核心的各种发热元器件。近十年来，电力电子技术得到了迅速发展，作为高效便捷的电能变换工具，功率电子装置得到了越来越多的应用。随着对功率器件要求的逐步提高，大功率器件的功率不断提高，对功率器件装置的尺寸和紧凑性也提出了更高的要求，由此功率器件装置的可靠性成为后续工作的重点。

在 21 世纪前后长达 10 年的调查中发现，部分新能源发电系统中功率器件故障率高达 35%，远超过其他故障原因的占比，功率器件故障已经成为部分新能源发电系统失效的主要原因，例如功率器件失效占新能源风力发电故障原因的 50% 以上。其他行业中也有类似的结论，功率器件失效成为电力电子装置故障的关键原因之一。其中，根据航空航天领域机构的统计，在航天器设备中，超过五分之一的故障是由于功率器件热失效导致的。由此可知，功率器件成为电力电子设备中最脆弱的部件之一，因此功率器件的可靠性直接影响了设备运行的可靠性。热失效是功率电子芯片发热使得功率器件处于高温环境，超过了最大额定工作温度导致其被烧毁。热失效是电子器件失效最常见的一种，占所有失效种类的 50% 以上。因此，电子器件尤其是大功率电子器件的可靠性和热管理是电子器件面临的最大挑战。

在高压直流输电电网换流阀中大功率电力电子设备具有重要性、复杂性、脆弱性的特点，其发热量大，对温度敏感，散热要求较高。在这种电网中主要使用的是去离子水冷却，水冷却原理比较简单，水的热容大，传热效率高。相比空气对流的自然冷却，水冷却的换热系数是其 300 倍以上。相比强迫风冷，水冷却可大大提高被冷却器件的通流容量。与传统变压器中的油冷却相比，水的黏度小，比绝缘油有更大的流动性，且油的比热容几乎只有水的一半。而热容大、流动性强，一直都视为良好冷却工质的条件，因为有利于减小被冷却设备的体积和耗损，使设备运行范围更广，对热流密度高的电力电子设备有良好的冷却能力。而且水冷却结构技术成熟，已经有多年的运行经验，水工质环境友好，不可燃、不助燃，不会引起火灾。

特高压直流输电对容量要求进一步增大，换流阀的尺寸和容量也会随着进一步增大。为了满足电力电子器件热管理的需求，必须增大水冷却系统的规模，与此同时复杂度会随之增大。这对水循环系统的稳定性提出了更高的要求，因为更高的流速及更大的管路运行压强会提高泄漏、破损的可能性。换流阀设备对绝缘要求高，泄漏事故会导致系统闭锁。并且，水冷却系统需要配备大量水处理、稳压等系统，这些都会降低换流阀系统运行的稳定性。随着换流阀容量的增大，为保障去离子水冷却方式的稳定性、可靠性，需要投入比之前更多的技术研究和设备保障措施。

用于换流阀的去离子水冷却方式主要是由内冷系统和外冷系统组成的。内冷系统主要为换流阀供冷水，对换流阀中部件进行冷却，内冷水在主循环泵的作用下将热带走；外冷系统是对冷却水工质进行冷却，包括空冷器、冷却水塔、喷淋装置等，其有多种控制、监测系统。换流阀冷却系统具有如下特点：关键表计（传感器），如内冷水进阀温度传感器，采用三重化配置，保护采用三取二逻辑，动作可靠；设置自动补水回路，由控制系统根据膨胀罐水位自动启动补水，可靠性较高；每个双重阀塔顶部总进出水管处设置蝶阀，减小阀塔内水回路故障检修时的排水量，减少检修工作量，缩短检修时间；主水回路加热器统一放置在除气罐内，减小内冷水高速流动时对加热器强烈的冲击，降低加热器故障率；主循环泵电源采用双回路供电，且和其他设备电源完全分离，保证主循环泵电源具有较高可靠性；控制回路、信号回路电源双重化配置。

水冷冷却系统采用大比热容介质——液态水作为其冷却介质，具有以下优点。

（1）单位体积载热能力大：大比热容介质，相同温升能带走更多热量。

（2）热量定向移动：冷却介质单向循环，保证部件发热量被及时带走。

（3）散热方式灵活：可根据散热需要，灵活设计冷却系统和换热器。

（4）冷却系统噪声低：系统只有水泵工作噪声，较风冷冷却系统的风扇噪声低很多。

虽然水冷冷却系统优点明显，但因为冷却介质本身特性和结构限制，水冷冷却系统中不可避免地存在以下缺点。

（1）冷却系统可靠性低：水冷冷却管路较多、介质容易泄漏，且泄漏检测困难。

（2）部件绝缘能力不高：水冷冷却系统多金属部件，绝缘能力较低，应用范围受限。

（3）使用受温度限制较大：低温易使冷却介质（水或其混合溶液）冻结，应用受温度限制较大。

（4）冷却系统成本较高：水冷冷却系统复杂，在散热功率相同的情况下，与风冷冷却系统相比成本高。

综上所述，水冷冷却系统的优点明显，但由于其本身固有的缺点，也一度限制了水冷冷却系统的发展。近年来，随着设备散热要求越来越高，采用水冷冷却的设备也越来越多，相应的，对水冷冷却系统缺点的改进研究也日益增多。

1.3.1 水质及环境限制

水冷系统存在冷却水绝缘性较差，换热效率低，系统复杂，运维难度较高的缺点。内冷系统对水质要求较高，要求必须为纯水，且纯水导电率不高于 $0.5\mu s/cm$，纯水比热容为 $4.2kJ/(kg \cdot ℃)$，水中含氧量必须小于 $200nL/L$，为达到水质要求需投入更多设备。由于外冷水的水质问题，外冷部分在长期运行过程中会发生故障，会累积水藻、水垢，降低换热设备的传热系数。因此在运行过程中需要对外冷水质的改善持续投入设备、人工和药剂。

在水冷冷却技术应用中，环境的限制主要体现在使用温度的限制。在导热效果最好的水冷冷却系统中，冷却介质的熔点为 $0℃$。低于 $0℃$，介质会结冰，导致系统不能运行，甚至管路会胀裂。因此，常用的水冷系统中，一般采用改性冷却介质。通常在常规冷却介质中添加醇类进行改性，最常用的是采用添加 $30\%\sim45\%$ 乙二醇的水溶液作为冷却介质。该比例范围的冷却介质导热能力稍低于水，熔点一般在 $-15\sim20℃$（熔点随浓度不同而变化），低温时具有较好的流动性。

此外，冷却介质在低温环境中（冷却介质没有冻结）还可以作为加热介质对部件进行加热。此时，需要在循环管路增加加热装置，借助循环管路对整个系统加热。水冷系统成本较风冷系统高，是由于水冷系统增加了水冷冷却的相关设备。随着水冷系统部件集成化程度越来越高，未来水冷冷却系统的成本可以控制在较低水平。

1.3.2 介质泄漏

水冷系统结构复杂，存在大量的接头、焊点，长期运行中的泄漏难以避免，导电性能强的冷却水一旦泄漏到未经绝缘保护的电路板、电连接器上，就会造成电子器件短路失效或设备损坏，因此要求冷却水电导率越低越好。此外高压设备为了解决器件不同电位之间的绝缘问题，对冷却水电导率提出了更为苛刻的要求。去离子水和防冻剂均不导电，冷却水的电导率主要取决于流体中的离子浓度，离子浓度越高，流体的电导率越大，高压设备等绝缘要求较高的场合，在冷却系统中需加装一套去离子装置，低电压下（如电压低于400V）的设备对冷却液的绝缘要求不高，某变流器厂家针对低压变流器提出了冷却水电导率低于 $400\mu s/cm$ 的要求。冷却水中的添加剂尤其是离子型的缓蚀剂是造成冷却液电导率高的主要原因，普通冷却水如发动机用冷却水电导率通常大于 $2000\mu s/cm$。

水冷冷却系统中管路、接头较多，导致水冷冷却系统经常出现介质泄漏问题，对于一些精密仪器、设备来说是致命的。科研人员对该问题进行了相应的改进研究，主要改进方式分为介质泄漏预防和介质泄漏检测两大方面。

1. 介质泄漏预防

介质泄漏通常出现在循环管路的接头及器件连接部位。因此，介质泄漏预防，主要在管路设计上进行改进，对于一些不好改进的位置，可改进器件布置设计。

管路改进设计中，常采用优化管路布置、减少管路接头、改善接头连接工艺等方法，目的在于减少管路泄漏的可能。器件优化布置一般是在管路全包裹设计中的管路底部增加接水盘，防止水冷系统泄漏对本部位以及下层设备的损害。

2. 介质泄漏检测

在普通的管道输送泄漏检测中，比如自来水管道泄漏检测、石油输送管道泄漏检测，可以利用泄漏点大流量的特点，采用流量监测法、声波法、负压波测量法等方法检测。但在水冷冷却系统中，管路压力、流量较小，常规检测方法通常失效。对于这种小流量、渗透性泄漏，工程中应用的可靠的检测方法是感应电缆/垫感应检测法。

感应电缆/垫是一种通电后能在其周围形成感应电场的电缆/垫。当有水滴滴落或者有异物在其周围时，会引起电场变化，感应电缆/垫就能感应并报警。通常感应电缆/垫布置在水冷冷却管线下部。感应电缆监测灵敏、性能稳定、适应性强，实际使用效果比传感器加接水盘效果好很多。

1.3.3　电化学腐蚀

电力电子设备水冷系统所用的金属材料通常为各种牌号铝合金、不锈钢、紫铜等，抗腐蚀性能差的碳钢和铸铁目前几乎没有使用，由于同种金属合金内部有不同元素及相互接触的不同金属之间电位不同，在冷却水中会产生电化学腐蚀。不锈钢、紫铜一般用作管路及接头，发生腐蚀的情况较少。内冷却水路电流会引发散热器等金属元件的腐蚀，因冷却水使用不当而造成的管道腐蚀问题日益严重，所以通常在水路特定位置安装均压电极。阀内冷系统在长期运行时，均压电极表面会出现附着氢氧化铝结垢的现象，电极结垢脱落后随循环冷却水移动会引发水路堵塞，电极不锈钢底座腐蚀也会产生水路漏水等事故。根据德阳、宝鸡、伊敏、兴仁等换流站发生运行事故的统计结果，因换流阀内冷却系统故障引发的换流站运行事故约占事故总数的10%。换流阀内冷却系统故障的绝大多数直接或间接由内冷却水路均压电极吸附结垢导致，占比在70%以上。因此，针对预防和减缓电极结垢问题的对策研究对于高压直流输电工程的安全可靠运行具有重要的意义。

水冷冷却技术中，水冷冷却系统的高导热率和良好绝缘是相互矛盾的。水冷冷却系统在保证高导热率的时候，往往绝缘特性不好。

　　为保证系统绝缘可靠，水冷冷却系统中一般采用改性冷却介质、增加绝缘层等方法。但这些方法又带来新的问题：更换冷却介质，比如介质水换成油类，能达到绝缘要求，但系统的冷却效率却降低了，同时又增加了设备防火的难度；由于绝缘材料导热系数较低，一般属于弱导热材料，增加绝缘层/漆会降低系统的导热能力。在绝缘性和导热效率的取舍上，需要根据实际使用需求，对二者进行合理取舍。

　　综上所述，水冷系统存在的主要问题有换热效率低，水对金属产生腐蚀会导致漏水（高场强下腐蚀更加严重），需配备防腐设备，控制保护系统复杂，运维复杂等。因此，大功率电力电子设备的冷却技术成为高压直流输电的短板。虽然目前已经从水离子控制、监测软件、逻辑保护等各方面对阀水冷系统进行了改进，但由于冷却水系统自身的固有缺点（水的冷却效率低、绝缘性差、腐蚀性高等），使得目前水冷系统成为换流阀系统安全稳定运行面临的主要问题。亟需更加高效的冷却技术来替代去离子水冷却技术，提高设备运行可靠性。

第 2 章

水冷系统结构

2.1 水冷系统结构与原理

换流阀和直流断路器是柔直换流站的核心设备，正常运行时换流阀和直流断路器的发热元件产生大量热量。为了防止换流阀和直流断路器的发热元件因温度过高而损坏，柔直换流站配置有水冷系统对换流阀和直流断路器进行冷却。

柔直换流站水冷系统包括内水冷系统和外水冷系统两部分。内水冷系统均为水冷方式，外水冷系统包括风冷和水冷两种方式。内水冷系统是一个密闭的循环系统，恒定的压力及流速的循环冷却水经主循环泵的提升源源不断地流经空气冷却器和闭式冷却塔，通过强迫对流的方式进行热量交换，冷却后的循环冷却水再进入换流阀和直流断路器的发热元件进行热量交换，如此周而复始地循环。外水冷系统是一个非密闭的循环系统，喷淋水池中的外冷水通过闭式冷却塔降低内冷水的温度后再次流入喷淋水池。水冷系统的原理如图 2-1 所示。

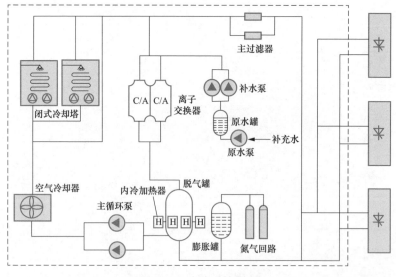

图 2-1 水冷系统原理

2.2　水冷系统关键设备组成

柔直换流站水冷系统主要由主循环冷却回路、去离子交换回路、氮气稳压系统、补水回路、空气冷却器、闭式冷却塔、喷淋水系统和补充水系统组成。主循环冷却回路和去离子交换回路是内水冷系统中冷却介质的主要回路，为了降低冷却介质的电导率，主循环冷却回路和去离子交换回路并联。氮气稳压系统用来维持水冷系统压力，以及循环流量的恒定。内水冷系统中的冷却介质在空气冷却器和闭式冷却塔中进行热量交换。

2.2.1　主循环冷却回路

通过主循环管道将主循环泵、主过滤器、脱气罐、电动三通阀和电加热器等主要设备串接成主循环回路。主循环泵利用动力促使循环冷却水通过热交换器进行循环，该过程中大量热量被带走。通过电动三通阀连接内水冷系统的室内管路和室外管路，在换流阀/直流断路器所带负荷较低或是室外环境温度较低的情况下根据外部负荷和温度条件，利用电动三通阀可以调节循环冷却水的温度，实现节能增效。但在循环冷却水温度极低甚至存在大面积凝露的情况时，需要及时开启电加热器进行加热，提高循环冷却水的温度并驱散凝露。主循环回路的三维布置如图 2-2 所示。

图 2-2　主循环回路的三维布置

1. 主循环泵

主循环泵是为水冷系统中的循环冷却水提供所需动力的离心泵，为卧式结构。泵体采用集装式机械密封，一主一备，每台为 100% 容量，设过热保护，主循环泵实物如图 2-3 所示。

主循环泵进出口均配置波纹补偿器，用于缓冲主循环泵运行时产生的机械应力。每台主循环泵底部均设置轴封漏水检测装置，及时检测轻微漏水。主循环泵前后均设置检修阀门，便于在不停运水冷系统的情况下进行主循环泵故障检修。主循环泵采用软启动和工频旁路的配置方式，防止因单一元件故障而导致主循环泵不可用。

图2-3　主循环泵实物

主循环泵采用交流电源，两台主循环泵电源分别取自站用电不同母线。电源在$-10\%\sim+15\%$的范围内波动时主循环泵能够正常工作。当运行的主循环泵故障或不能提供额定压力或流量时，应立即切换至备用主循环泵，并发出报警信号。主循环泵连续运行7天后将自动切换，切换时系统流量和压力保持稳定。当主循环泵切换不成功时能够自动切回。另外，主循环泵具有手动切换功能。

2. 主过滤器

为防止循环冷却水在快速流动中可能将脱落的刚性颗粒冲刷进入阀体从而造成不可逆的损伤，在主循环泵出口的管道中配置了2台过滤精度为$100\,\mu m$的机械过滤器，一主一备。主过滤器采用网孔标准、水阻小的不锈钢滤芯，为T形结构，可通过拆卸法兰进行滤芯的更换和维护。为实时监测主过滤器滤芯的污垢程度，在主过滤器上设置了压差开关。主过滤器实物如图2-4所示。

3. 脱气罐

脱气罐位于主循环泵入口处，罐顶配自动排气阀，主要用于排出内水冷管路系统中残余的或者运行过程中产生的气体，还为内冷加热器提供了加热空间及安装位置。内水冷管路系统中残余的或者运行过程中产生的气体，聚结在管路中会增大主循环泵振动、降低主循环泵流量、污染水质、减少流道截面、增大管道压力等，因此需在主循环泵入口处配置脱气罐。脱气罐实物如图2-5所示。

4. 电动三通阀

为了避免在低温条件下进阀温度过低或者在高温条件下进阀温度过高，在

图 2-4　主过滤器实物

图 2-5　脱气罐及内冷加热器实物

主循环冷却回路中配置了 2 台电动三通阀，一主一备。电动三通阀用于调节需经空气冷却器散热的主循环流量比例，从而降低或者增加空气冷却器的自然散热量。电动三通阀实物如图 2-6 所示。

5. 电加热器

主循环冷却回路中的电加热器为内冷加热器。为了防止冬天气温过低或者阀体停运时室外空气冷却器及管路中的循环冷却水结冰或水温过低，在主循环冷却回路中的脱气罐处配置有 4 台电加热器，电加热器根据循环冷却水的进阀温度进行分级启停。当循环冷却水的温度接近阀厅露点温度，器件表面可能凝露时，电加热器开始工作。电加热器运行期间水冷系统不能停运，必须使管路内循环冷却水保持流动，以防止室外空气冷却器及管路中的循环冷却水结冰。

15

电加热器的功率要求满足最低环境温度期间，主循环泵不停运情况下，室外空气冷却器及管路中的循环冷却水不会结冰。内冷加热器实物如图2-5所示。

图2-6　电动三通阀实物

2.2.2　去离子交换回路

去离子交换回路由离子交换器、精密过滤器、流量传感器、在线电导仪等组成。去离子交换回路是并联于主循环冷却回路的功能支路，其主要作用是持续吸附主循环冷却回路中流经去离子交换回路的循环冷却水中的阴阳离子，降低循环冷却水的电导率，在长期运行条件下抑制金属接液材料的微量电解腐蚀，从而保证不会因腐蚀产物积累而导致漏电或电气击穿等不良后果。去离子交换回路中配置去离子水流量计，以便于实时监测回路的堵塞情况。去离子交换回路的三维布置如图2-7所示。

图2-7　去离子交换回路的三维布置

1. 离子交换器

去离子交换回路配置2台离子交换器，一主一备。离子交换器内装有长效免维护离子交换树脂，该树脂吸附容量大、耐高温，专门用于吸附微量离子。若无特殊污染源，离子交换器中的树脂3年更换一次。离子交换器配置电导率变送器，实时监测去离子交换回路中循环冷却水的电导率，并根据电导率的高低判断树脂是否失效。当监测到去离子交换回路中循环冷却水的电导率高于报警定值时，系统发出报警信号，提醒更换离子交换器中的树脂。当其中一台离子交换器需更换树脂时，应手动切换至另一台离子交换器并排空离子交换器内的所有树脂，更换时应不影响水冷系统运行。离子交换器实物如图 2-8 所示。

2. 精密过滤器

为了防止离子交换器中磨损的树脂颗粒流进主循环冷却回路，在离子交换器出口配置了 2 台过滤精度为 5μm 的精密过滤器，一主一备。精密过滤器的滤芯可在线更换。为实时监测过滤器的堵塞情况，在精密过滤器进出口均设置了压力指示表。精密过滤器实物如图 2-9 所示。

2.2.3　氮气稳压系统

氮气稳压系统由膨胀罐、氮气瓶、减压阀、电磁阀及安全阀等组成，采用串联的方式与去离子交换回路相连。在膨胀罐顶部充有高纯氮气，从而保持内水冷管路中压力恒定和充满循环冷却水。密封氮气隔绝循环冷却水与空气的

图 2-8　离子交换器实物

接触，对稳定内水冷管路系统中循环冷却水的电导率和溶解氧等参数起着重要的作用。氮气稳压系统的三维布置如图 2-10 所示。

图 2-9　精密过滤器实物

图 2-10　氮气稳压系统的三维布置

1. 膨胀罐

氮气稳压系统配置 2 个膨胀罐，相互联通。膨胀罐配置 3 台独立的电容式液位传感器和 1 台磁翻板式液位传感器，安装在膨胀罐外侧，可显示膨胀罐中冷却水的液位。液位传感器具有自检功能，当传感器故障或测量值超范围时能自动提前退出运行，不会导致保护误动。膨胀罐底部配置曝气装置，增加氮气溶解度，从而使脱气时更有效地带走介质内的氧气。膨胀罐实物如图 2-11 所示。

图 2-11　膨胀罐实物

当膨胀罐液位到达低点时，水冷系统会发出报警信号，并自动补水。当膨胀罐液位到达超低点时，水冷系统会发出跳闸信号，并由极控远程停运水冷系统。膨胀罐的液位传感器传输线性连续信号，当液位传感器检测到膨胀罐液位的下降速率超过整定值（温度突变除外）时，则判断冷却回路可能存在泄漏，此时会根据液位下降速率，分别发出水冷系统渗透报警信号和水冷系统泄漏跳闸信号。

膨胀罐液位变化定值和延时设置有足够的裕度，能够躲过温度变化、外冷水系统启动、辅助喷淋装置启动、传输功率变化引起的液位变化，防止因误判液位正常变化而导致保护误动。

膨胀罐还起着缓冲循环冷却水因温度变化而导致体积变化的作用。当冷却回路中循环冷却水因温度升高导致膨胀罐压力增大时，出气电磁阀将自动打开完成排气；当冷却回路中循环冷却水损失或因温度降低导致膨胀罐压力减小时，膨胀罐以自身压力将罐内冷却水输出从而维持冷却回路的压力恒定和充满循环冷却水。

2. 氮气管路

氮气管路主要由减压阀、补气电磁阀、排气电磁阀、安全阀、氮气瓶及监控仪表等组成，设置为双路，每条氮气管路均配置 2 个氮气瓶，两两组合互为备用，其中一路发生故障时可切换至另一路。氮气管路由控制装置实现氮气的自动减压、补充、排气等。氮气管路实物如图 2-12 所示。

图 2-12　氮气管路实物

2.2.4　补水回路

补水回路用于补充内水冷系统中损失的冷却水。补水回路由原水罐、补水泵、原水泵、补水精密过滤器及补水管道组成。补水回路的三维布置如图 2-13 所示。

1. 原水罐

补水回路配置 1 个原水罐，原水罐采用密封式以保持补充水水质的稳定。原水罐配置 1 个双变送量的磁翻板式液位传感器，安装在原水罐外侧，可显示原水罐中冷却水的液位。原水罐实物如图 2-14 所示。

图 2-13 补水回路的三维布置

图 2-14 原水罐及原水泵实物

当原水罐的液位低于报警值时，水冷系统会发出报警信号，提示运行人员启动原水泵进行补水，维持原水罐中冷却水的液位。原水罐配置 1 个排气电磁阀，在补水泵和原水泵启动时自动打开，从而保持补充水的纯净度。

2. 补水泵

补水回路配置 2 个补水泵，自动补水时互为备用。补水泵可根据膨胀罐的液位自动启动对膨胀罐进行补水，也可根据实际情况进行手动补水。手动补水时需在水冷设备间的辅机就地端子箱上长按补水泵手动控制按钮启动补水泵。补水泵实物如图 2-15 所示。

图 2-15 补水泵实物

3. 原水泵

补水回路配置 1 个原水泵，原水泵进出口分别配置过滤精度为 $500\,\mu m$ 的原水管道过滤器和 $50\,\mu m$ 的补水精密过滤器。此外，原水泵进出口均配置压力表。原水泵根据原水罐的液位手动启动对原水罐进行补水。启动原水泵时需先在监控机上进行原水泵状态确认，然后在水冷设备间的辅机就地端子箱上长按原水泵手动控制按钮启动原水泵。原水泵和补水精密过滤器实物分别如图 2-14 和图 2-16 所示。

2.2.5 空气冷却器

空气冷却器由换热管束、变频风机、工频风机、电机、管箱、构架、操作检修平台、阀门及管路等组成。与换流阀和直流断路器的发热元件进行热交换而升

19

图 2-16　补水精密过滤器实物

温的内水冷循环冷却水由主循环泵升压送至空气冷却器，通过变频风机及工频风机驱动室外空气流向换热管束外表面进行对流换热，将换热管束中循环冷却水的热量传输给流动的室外空气，从而实现冷却换热管束中的循环冷却水。降温后的循环冷却水再次进入换流阀和直流断路器的发热元件进行热交换，如此周而复始地循环。

空气冷却器的换热管束采用水平引风式换热管束，换热管束为不锈钢翅片管，管材选用不锈钢 304L。每组空气冷却器换热管束的管程数和管排数分别为 2 和 6。空气冷却器的换热管束设有坡度，便于在冬季空气冷却器不运行时将换热管束内的循环冷却水顺利排空。在换热管束最低处安装有可彻底排空循环冷却水的设施，最高处安装性能可靠的排气措施。

空气冷却器设置进出水管箱，并在换热管束进出口处设置相应检修阀门。换热管束与管箱之间采用不锈钢软管进行软连接。管箱的工作压力与换热管束相同。管箱材质选用不锈钢 304L，并考虑腐蚀裕量，腐蚀裕量的最小值为 3mm。

空气冷却器的构架、巡视和检修用的楼梯、平台采用热镀锌 Q235 钢，主要受力构件为 D 级钢材，其他不低于 B 级，采用碱性焊条。空气冷却器所有与管道连接的法兰均采用带颈对焊法兰，法兰密封面为突面。

除密封材料外，空气冷却器所有与循环冷却水接触的材料均为不锈钢。所有与循环冷却水接触的密封材料均使用不含石棉、石墨、铜等影响循环冷却水水质的材质。

空气冷却器设有手动调节型的百叶窗，百叶窗叶片材质为铝合金，转轴采用耐腐蚀和耐磨材料制造且运转灵活，不会产生卡轴及扭曲现象。

空气冷却器布置在防冻棚中，空气冷却器平台高度以下四周的防冻棚和正上方的防冻棚采用卷帘式结构，空气冷却器高度以上四周的防冻棚采用固定式结构。在冬季根据室外温度关闭防冻棚卷帘门，其余时间防冻棚卷帘门均为开启状态。

空气冷却器风机采用水平引风式布置，风机叶片为高强度优质铝合金材质。风机所配置电机的防护等级和绝缘等级分别为 IP55 和 F 级。每台风机均配置一台电机，故障风机检修时，其余风机可正常运行。风机和电机之间采用直联传动，该方式具有传动效率高、现场维护量小以及振动小的优点。空气冷却器风机轴承采用 SKF 型轴承并加注耐低温润滑油脂，以保证风机长期平稳运行。每个风机均设置就地启停开关，其防水等级为 IP65 以上。

空气冷却器风机能耗低、噪声小。空气冷却器风机通过散热风室和风筒的内部面积，可以降低由气流扰动形成的噪声。空气冷却器的变频风机采用变频调速控制，保证进阀温度的稳定可控，当进阀温度降低时变频风机降低转速，从而降低噪声。

每组空气冷却器均配置一面动力屏，每面动力屏柜门上配置各组风机的运行指示灯和强投按钮。如果需要强投空气冷却器的风机，先在控制保护屏柜上投入空气冷却器压板，再在屏柜上找到相应风机编号下的强投旋钮并旋到"ON"位。

空气冷却器先启动变频风机，后启动工频风机；先停止工频风机，后停止变频风机。只有当变频风机达到最高或最低频率时才可以启动或停止下一组风机。空气冷却器变频风机配置变频回路和工频旁路回路，正常情况下变频运行，当变频器故障时则切换到工频旁路回路运行。空气冷却器变频风机和工频风机实物分别如图 2-17 和图 2-18 所示。

图 2-17　空气冷却器变频风机实物

图 2-18　空气冷却器工频风机实物

空气冷却器运行时，水冷控制系统通过进阀温度/外冷回水温度变送器反馈的实时冷却水温度，确定风机运行组数和变频风机的转速，从而确保空气冷却器处于最佳运行工况，并达到控制循环冷却水进阀温度/外冷回水温度的目的。当循环冷却水进阀温度/外冷回水温度接近或超过设定值时，根据循环冷却水进阀温度/外冷回水温度变送器的信号，增大电机的频率、调高风机转速来降低循环冷却水的进阀温度/外冷回水温度。当室外温度较低时，水冷控制系统将根据循环冷却水的进阀温度/外冷回水温度，逐步关闭变送器的信号，风机或降低变频风机的转速来提高循环冷却水的进阀温度/外冷回水温度。

2.2.6　闭式冷却塔

每套水冷系统配置2台闭式冷却塔，且2台闭式冷却塔同时运行。闭式冷却塔位于防冻棚喷淋水池上方，与空气冷却器串联。闭式冷却塔由换热盘管、热交换层、风机、水分配系统、检修门及检修通道、集水箱、底部滤网等部分组成。经过空气冷却器降温后的循环冷却水进入闭式冷却塔的换热盘管，喷淋泵从喷淋水池中抽水，通过水分配系统的喷嘴均匀地喷洒到换热盘管表面进行对流换热。吸收循环冷却水的热量后一部分喷淋水蒸发成水蒸气排到周围的大气中，其余部分的喷淋水进入集水箱后返回喷淋水池。在此过程中，换热盘管内的循环冷却水得到冷却，降温后的循环冷却水再次进入换流阀和直流断路器的发热元件进行热交换，如此周而复始地循环。闭式冷却塔的工作原理如图2-19所示。

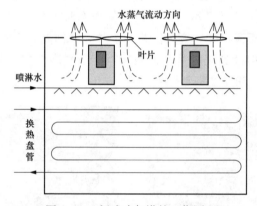

图2-19　闭式冷却塔的工作原理

闭式冷却塔换热盘管采用连续弯不锈钢盘管制管技术，保证盘管内壁的高度清洁及连续弯的高强度，从而使外水冷系统运行更加安全稳定。闭式冷却塔换热盘管的管材选用316L不锈钢管，每组换热盘管均先经过预检和压力实验，合格后再完成组装。

闭式冷却塔热交换层选用具有良好热力学性能和阻力性能的散热填料，该填料具有耐高温、抗低温、使用寿命长的特点。散热填料为分块式填料，具有便于安装和更换、容易存储运输和运维成本低的优点。闭式冷却塔塔体所有构件均具有足够的防腐能力。塔体壁板选用优质亚光不锈钢板，壁板与框架结构之间采用不锈钢螺栓连接。壁板与框架结构之间的结合部均采用硬质密封材料填实，防止喷淋水渗出闭式冷却塔塔体。

每台闭式冷却塔配置2台变频风机，每台风机均配备一台电机。闭式冷却塔的风机安装在塔顶，远离塔内的湿热空气，延长了风机的使用寿命。闭式冷却塔风机叶片的材质为高强度铝合金，具有风量大和效率高的优点。风机的电机为全封闭式电机，电机的支座固定在闭式冷却塔塔体的框上，并采用不锈钢螺栓连接。闭式冷却塔风机与电机之间采用皮带传动方式。闭式冷却塔采用耐腐蚀的皮带轮以及实心衬底多沟槽皮带，每根皮带分为8~12股小皮带，其中一股皮带断裂不会造成风机停运。闭式冷却塔风机运行时空气和喷淋水以顺畅平行向下的路径流过换热盘管表面，完全将换热盘管外表面覆盖。在这种平行的流动方式下，喷淋水不会因为空气流动出现与换热盘管管底分离的现象，消除了利于形成水垢的干点。

闭式冷却塔进风导叶板的材质为PVC。进风导叶板的角度、叶片数量以及位置可以使空气均匀地流向换热盘管及热交换层，避免换热盘管及热交换层处于涡流区并能防止喷淋水溅出。在进风入口处配置钢丝网以防止垃圾杂物进入闭式冷却塔内。

闭式冷却塔本体内的水分配系统主要由喷淋水分配管道和喷嘴组成。喷淋水分配管道可从闭式冷却塔外巡视和进行检修，在满负荷运行时也可进行检查。在喷淋水分配管道的最低点安装大直径的"反堵塞环"塑料喷嘴，能够有效防止堵塞且便于清洗。均匀分布的喷淋水分配管道可保证闭式冷却塔运行期间换热盘管处于完全浸湿的状态。

闭式冷却塔底部出水口配置一个不锈钢滤网，用来过滤进入集水箱的树叶、杂草、昆虫、灰尘、鸟屎等，从而保证流回喷淋水池的喷淋水干净无杂质。闭式冷却塔不锈钢滤网可拆卸，便于进行维护清洗。

闭式冷却塔底部中央配置相对独立的集水箱，集水箱采用不锈钢板无焊缝拼装，双面光滑，无需树脂密封，无渗漏。闭式冷却塔集水箱为倾斜式设计，从而保证喷淋水可顺利流入喷淋水池。

闭式冷却塔顶部配置检修平台。闭式冷却塔检修平台采用不锈钢格栅板制成且四周设置高度不低于1.2m的不锈钢护栏。检修平台楼梯倾斜度为45°，楼梯及扶手均采用不锈钢制成。闭式冷却塔塔体设置铰链式检修门，检修门向内转动，配有易于栓锁的门手柄。

闭式冷却塔挡水板的材质为PVC，可有效防腐并阻挡微生物和藻类的侵害。闭式冷却塔挡水板具有高效收水结构，可以保证在运行时喷淋水的飘逸率小于0.001%，从而确保闭式冷却塔的稳定性和安全性。闭式冷却塔实物如图2-20所示。

在冬季室外温度较低停运闭式冷却塔后，为了防止喷淋水池以及喷淋

图2-20　闭式冷却塔实物

管道内的喷淋水结冰，需要将喷淋水池以及喷淋管道内的水排空。通过水泵将喷淋水池中的喷淋水抽出同时打开喷淋管道最低点设置的排水阀门来排空喷淋管道中的喷淋水。

经过长时间运行后，闭式冷却塔会出现藻类、黏泥以及水垢附着的情况，导致闭式冷却塔的冷却效率降低，能耗增大。当闭式冷却塔换热盘管外表面出现结垢现象时，可通过化学清洗的方法去除换热盘管上的水垢。化学清洗首先需要根据换热盘管外表面水垢的成分筛选出除垢的药剂配方，然后再对换热盘管外表面进行在线清洗。化学清洗的示意图如图2-21所示。

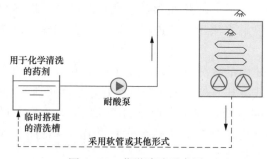

图 2-21 化学清洗示意图

2.2.7 喷淋水系统

喷淋水系统主要由喷淋泵、喷淋管道及阀门、弯头、波纹管等管道附件、喷淋水分配管道和喷嘴等组成。

每台闭式冷却塔均配置2台卧式离心结构的喷淋泵，一主一备。喷淋泵采用不锈钢316材质，轴封采用机械密封，电机为防潮密闭型。2台喷淋泵共用一根进水管且组装在一个整体减震基座上。为了减小震动，喷淋泵与喷淋管道之间采用波纹管连接。室内喷淋管道及阀门均采用不锈钢304L，法兰密封圈的材质为PTEE。为了实时监测喷淋泵的运行状态，喷淋泵出口均设置1个电接点压力表。每台喷淋泵均设置就地启停开关。在喷淋泵至闭式冷却塔的喷淋管道上设有排水阀门，以便于在冬季将管道中的喷淋水排空，防止冬季停运且室外温度较低时喷淋管道结冰。喷淋泵实物如图2-22所示。

图 2-22 喷淋泵实物

2.2.8 补充水系统

为了保证喷淋水的水质，延长闭式冷却塔换热盘管的使用寿命，减小运行期间闭式冷却塔的维护量，补充水系统采用原水预处理系统和反渗透处理系统相结合的方式进行设计。原水预处理系统主要由石英砂过滤器、活性炭过滤器和管道阀门等组成。反渗透处理系统主要由保安过滤器、高压泵、加药装置、反渗透膜及相应的管道阀门等组成。补充水的处理流程为：原水通过工业水泵驱动从工业水池中进入石英砂过滤器和活性炭过滤器，去除水中的微生物、悬浮物和余氯等杂质，再经过反渗透装置降低原水的离子浓度，最终进入喷淋水池。

1. 石英砂过滤器

补充水系统配置1台石英砂过滤器。石英砂过滤器主要包括过滤器本体、石英砂滤料、进水装置、出水多孔板、排水帽、取样装置、测压装置等。过滤器本体为钢制柱形容器，材质为304不锈钢，筒体和封头壁厚均不小于10mm。石英砂过滤器本体上设有石英砂进出口，进口用于装填石英砂，出口用于取出和更换石英砂。石英砂过滤器顶部进水装置均匀分配原水。石英砂过滤器底部出水装置为多孔板和ABS排水帽，多孔板与过滤器本体焊接并均匀开一定数量的排水帽孔后与过滤器本体一起双层衬胶，然后在多孔板上部均匀布置相应数量的ABS排水帽。石英砂过滤器进出水管各配置1套测压装置和2个取样阀。石英砂过滤器进出水阀门以及排水阀门均采用全自动阀门，通过压差和预设时间来自动控制阀门的启闭，完成产水或者反洗过程。石英砂过滤器和活性炭过滤器实物如图2-23所示。

石英砂过滤器增大了滤层的截污能力，产水能力大，杂质穿透深，在保证出水水质的前提下提高了过滤速度。原水中的悬浮物、机械颗粒、胶体等杂质在通过石英砂过滤器滤层弯弯曲曲的孔道时，杂质和石英砂滤料表面相互粘附，去除了杂质，降低了原水的浊度。

随着过滤时间的增长和过滤出水的增多，石英砂过滤器滤料截留的固体杂质也逐渐增多，从而导致石英砂

图2-23 石英砂过滤器和活性炭过滤器实物

过滤器进出水压差增大。石英砂过滤器与活性炭过滤器共同配置2台反冲洗水泵，一主一备。反冲洗水泵通过反冲洗和正冲洗清除石英砂滤料过滤时截留的表面杂质，从而恢复石英砂过滤器的过滤能力。反冲洗水泵实物如图2-24所示。

2. 活性炭过滤器

补充水系统配置1台活性炭过滤器，设置于石英砂过滤器之后。经石英砂过滤器过滤后的水进入活性炭过滤器，水中微量的余氯因与活性炭迅速反应而

图 2-24 反冲洗水泵实物

被去除，避免反渗透膜受到氯等杂质的损害，可以延长其使用寿命。活性炭过滤器主要包括过滤器本体、果壳活性炭滤料、石英砂垫层、进水装置、出水多孔板、排水帽、取样装置、测压装置、管道及阀门、电动阀门控制装置等。活性炭过滤器本体为不锈钢304L的钢制柱形容器，筒体和封头壁厚均为10mm，本体内部有2层厚度为5mm的衬胶。活性炭过滤器本体在活性炭界面处和最大反洗膨胀高度处分别设置1个窥视孔。活性炭过滤器本体上设有活性炭进出口，进口用于装填活性炭，出口用于取出和更换活性炭。活性炭过滤器顶部进水装置布水均匀且配置有防止活性炭冲跑的滤网。活性炭过滤器底部出水装置为多孔板和ABS排水帽，多孔板与过滤器本体焊接并均匀开120只排水帽孔后与过滤器本体一起双层衬胶，然后在多孔板上部均匀布置120只ABS排水帽。活性炭过滤器进出水管各配置1套测压装置和2个取样阀。测压装置的材质为耐酸不锈钢，压力表为耐腐蚀压力表；取样阀和管道均为UPVC材质。活性炭过滤器进出水阀门以及排水阀门均采用全自动阀门，通过压差和预设时间来自动控制阀门的启闭，完成产水或者反洗过程。

随着过滤时间的增长和过滤出水的增多，活性炭过滤器滤料截留的固体杂质逐渐增多，从而导致活性炭过滤器进出水压差增大。活性炭过滤器在反冲洗过程中，水从下向上通过果壳活性炭滤料层，使滤料颗粒悬浮。在水流剪切力和滤料颗粒的碰撞摩擦下，粘附在果壳活性炭滤料中的杂质被冲洗下来后随着反冲洗水排出活性炭过滤器外，从而恢复活性炭过滤器的过滤能力。

3. 反渗透装置

反渗透装置主要由保安过滤器、反渗透升压泵、反渗透膜组件及化学清洗单元等组成。反渗透装置是补充水系统中主要的脱盐装置，采用膜分离手段去除水中的化学离子、有机物及微细悬浮物（细菌、病毒和胶体微粒），以达到水的脱盐纯化目的。反渗透装置实物如图2-25所示。

（1）保安过滤器。反渗透装置中配置2台过滤精度为5μm的保安过滤器，材质为不锈钢304L。保安过滤器的作用主要是为了截留水中大于5μm的杂质，防止大颗粒物质进入反渗透膜，确保反渗透膜安全稳定运行。在正常工作情况下会定期更换保安过滤器的滤芯以保证进水流量不下降以及水中大颗粒物质不进入反渗透膜。

（2）反渗透升压泵。反渗透装置中配置2台反渗透升压泵，采用机械密封，

图 2-25　反渗透装置实物

材质为不锈钢304L。反渗透升压泵为变频控制，防止反渗透膜组件受到高压水的冲击以及保持反渗透系统的稳定出力。反渗透升压泵进出口均装设压力表及压力变送器，分别在压力低和压力高时报警并停泵。反渗透升压泵的作用是为经过石英砂过滤器和活性炭过滤器的原水加压，使体积小于 $0.0001\,\mu m$ 的水分子在压力的作用下渗透过反渗透膜，而原水中的化学离子、有机物及微细悬浮物（细菌、病毒和胶体微粒）随废水排出。

（3）反渗透膜组件。反渗透膜组件为一级两段，按 3∶2 方式排列，以保证反渗透膜的正常运行和合理的清洗周期。浓水排水必须装流量控制阀，以控制水的回收率（不低于70%）。反渗透膜组件安装在组合架上，组合架上配备全部管道、法兰、阀门及紧固件，材质均为不锈钢304L。整套反渗透膜组件满足程序启停控制要求，停用后能延时自动冲洗。

（4）化学清洗单元。反渗透膜组件配置化学清洗单元，化学清洗单元包括清洗箱、化学清洗泵、清洗过滤器、管道、阀门等。化学清洗单元实物如图 2-26 所示。

4. 加药装置

喷淋水系统适合多种微生物的生长，微生物的大量繁殖会造成管道堵塞、传热效率降低、设备腐蚀等一系列的危害。在外水冷系统运行过程中，闭式冷却塔换热盘管外表面上会出现

图 2-26　化学清洗单元实物

结垢现象，从而导致闭式冷却塔的效率降低。为了避免或者减轻闭式冷却塔换热盘管外表面出现结垢现象，延长闭式冷却塔的使用寿命，需要在补充水系

图 2-27 加药装置实物

统中设置加药装置。加药装置实物如图 2-27 所示。

加药装置主要由搅拌电机、加药泵、溶液箱、计量泵、就地操作箱以及软管等组成。加药装置采用 3 种化学药剂：氧化性杀菌剂、非氧化性杀菌剂和缓蚀阻垢剂。3 种化学药剂分别通过加药泵 P61、P62 和 P63 自动注入喷淋水池中。氧化性杀菌剂与非氧化性杀菌剂采用交替使用的方式，采用氧化性杀菌剂进行日常的微生物控制，周期性投加非氧化性杀菌剂来控制系统的微生物问题，从而有效控制微生物并防止微生物产生抗药性。在阻垢方面采用无磷的缓蚀阻垢剂，从而降低闭式冷却塔换热盘管外表面的结垢速率。

加药装置原理如图 2-28 所示。将自来水注入溶液箱中并加入一定比例的化学药剂搅拌溶解后，利用加药泵将溶解液加入喷淋水池中，对喷淋水进行除垢杀菌。

5. 自循环旁路过滤系统

喷淋水不停地在闭式冷却塔中蒸发而被浓缩，为了避免喷淋水中杂质过多以及菌类的滋生，喷淋水通过自循环旁路过滤系统进行过滤。自循环旁路过滤系统主要由自循环水泵、自循环过滤器、管道、阀门及其他附件组成。

自循环旁路过滤系统配有 2 台自循环水泵和 1 台自循环过滤器。自循环回路的流量不小于喷淋水循环流量的 5%。自循环旁路过滤系统设置排水阀，当水质传感器检测到水的浓缩倍数达到 10 时打开排水阀开始排水，当水质传感器检测到水的浓缩倍数小于 10 时关闭排水阀停止排水。自循环装置实物如图 2-29 所示。

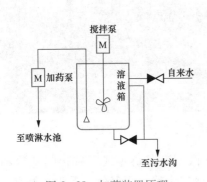

图 2-28 加药装置原理

图 2-29 自循环装置实物

2.3　水冷系统控制保护

柔直换流站水冷系统的控制保护系统由控制保护单元和I/O单元组成。控制保护单元对柔直换流站水冷系统的运行状态进行实时监视和控制，主要对主循环泵、空气冷却器和喷淋泵等电机设备的运行状态进行监视，并根据设备故障状态产生报警事件，实现对各类电机设备和阀门的启停、切换控制。控制保护单元在水冷系统运行期间对温度、压力、流量、液位、电导率等运行参数进行实时监测，并根据相关定值判断是否超标从而产生相应报警信号或跳闸。I/O单元用来采集与柔直换流站水冷系统运行有关的温度、压力、流量、液位、电导率等非电量数据，以及主循环泵、空气冷却器和喷淋泵等电机设备的工作、故障等运行的状态量，并将采集的各类数据通过CAN总线上送至控制保护单元。I/O单元接收控制保护单元发出的各类电机设备和阀门的分、合指令，以及三通阀、变频器等设备的角度控制指令，并输出至对应设备。

柔直换流站水冷系统的控制系统双冗余配置且相互独立。每套控制系统均包含CPU、电源模块、I/O模块、通信模块和人机界面模块等，其中CPU与I/O模块采用总线通信。柔直换流站水冷系统的保护系统三冗余配置。每套保护系统均包含CPU和I/O模块等。三套保护系统分别独立采集三冗余配置的传感器，并将传感器信号发送至水冷控制系统。水冷控制系统分别采集来自三套保护系统的保护逻辑出口信号，通过"三取二"逻辑出口，水冷控制系统与换流站监控平台进行软报文通信。柔直换流站水冷系统的控制系统和保护系统之间的信号全部采用硬接线方式。柔直换流站水冷控制保护系统结构如图2-30所示。

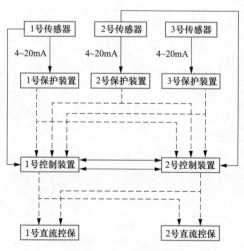

图2-30　柔直换流站水冷控制保护系统结构

2.3.1　屏柜配置

柔直换流站每套水冷系统共配置 23 面屏柜，均布置在阀冷控制保护及断路器配电室中。每套水冷系统包括 2 面主循环泵动力柜、1 面综合动力柜、14 面风机动力柜、2 面冷却塔动力柜、2 面控制保护柜、1 面保护柜以及 1 面水处理控制柜。柔直换流站水冷系统屏柜的特点为：①屏柜内外表面光滑整洁，没有焊接、铆钉或外侧出现的螺栓头，整个外表面端正光滑；②屏柜的电缆均由柜底引入；③屏柜所有金属结构件牢固地接到结构内指定的接地母线上；④屏柜开启简单、方便及灵活；⑤屏柜内部提供有照明灯；⑥端子排、电缆夹头、电缆走线槽均由阻燃型材料制造；⑦屏柜内设有设备运行状态、故障和报警的接口。主循环泵动力柜、综合动力柜、风机动力柜、冷却塔动力柜、控制保护柜、保护柜以及水处理控制柜的示意图如图 2-31 所示。

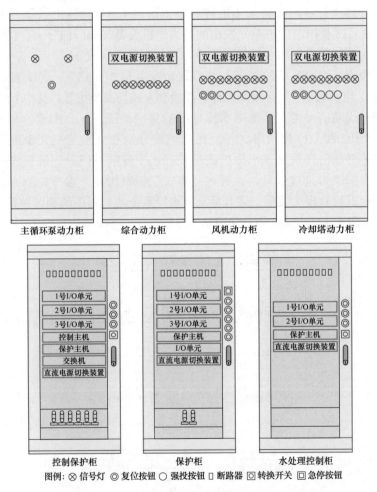

图 2-31　水冷系统屏柜示意图

2.3.2　系统电源配置

1. 交流动力电源

柔直换流站每套水冷系统共 39 路交流动力电源，其中 38 路 AC380V（三相四线制）交流动力电源接至水冷屏柜，1 路 AC220V（单相）交流动力电源接至控制柜。

2 路来自不同交流母线的 AC380V 电源分别接至 1 号和 2 号主循环泵动力柜，并分别为 P01 和 P02 主循环泵供电。主循环泵交流动力电源简图如图 2 - 32 所示。

2 路来自不同交流母线的 AC380V 电源接至综合动力柜。其中一路直接给 1 号内冷加热器、2 号内冷加热器和 1 号电动三通阀供电，另一路直接给 3 号内冷加热器、4 号内冷加热器和 2 号电动三通阀供电。另外接至综合动力柜的这两路交流进线电源经双电源切换装置后为补水泵和原水泵供电。综合动力柜交流动力电源简图如图 2 - 33 所示。

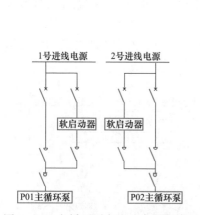

图 2 - 32　主循环泵交流动力电源简图

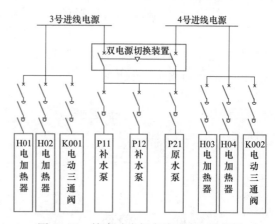

图 2 - 33　综合动力柜交流动力电源简图

每面风机动力柜都由 2 路来自不同交流母线的 AC380V 电源接入，经双电源切换装置后为空气冷却器风机供电。风机动力柜交流动力电源简图如图 2 - 34 所示。

2 路来自不同交流母线的 AC380V 电源接至 1 号冷却塔动力柜。其中一路直接给 1 号外冷加热器和 1 号冷却塔的 1 号喷淋泵供电，另一路直接给 2 号外冷加热器和 1 号冷却塔的 2 号喷淋泵供电。另外接至 1 号冷却塔动力柜的这两路交流进线电源经双电源切换装置后为 1 号冷却塔的风机供电。1 号冷却塔动力柜交流动力电源简图如图 2 - 35 所示。

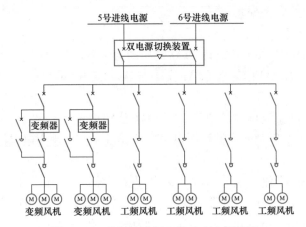

图 2-34　风机动力柜交流动力电源简图

2 路来自不同交流母线的 AC380V 电源接至 2 号冷却塔动力柜。其中一路直接给 3 号外冷加热器和 2 号冷却塔的 1 号喷淋泵供电，另一路直接给 4 号外冷加热器和 2 号冷却塔的 2 号喷淋泵供电。另外接至 2 号冷却塔动力柜的这两路交流进线电源经双电源切换装置后为 2 号冷却塔的风机供电。2 号冷却塔动力柜交流动力电源简图如图 2-36 所示。

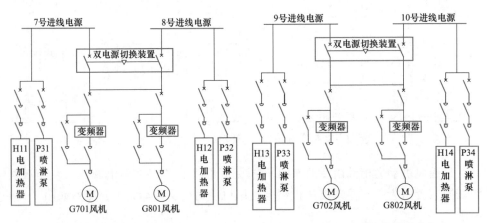

图 2-35　1 号冷却塔动力柜　　　　图 2-36　2 号冷却塔动力柜
　　　　交流动力电源简图　　　　　　　　　交流动力电源简图

2 路来自不同交流母线的 AC380V 电源接至水处理控制柜，经双电源切换装置后为水处理设备供电。水处理控制柜交流动力电源简图如图 2-37 所示。

1 路 AC220V 电源接至控制柜，经转接为所有水冷控制柜提供照明电源。

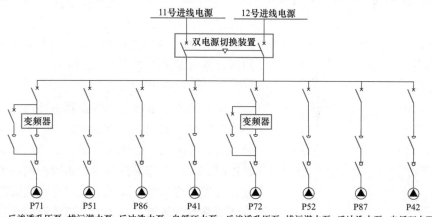

图 2-37　水处理控制柜交流动力电源简图

2. 直流电源

柔直换流站每套水冷系统共 6 路直流 DC220V 电源，4 路接至控制保护柜，2 路接至保护柜。

4 路直流 DC220V 电源分别接至 1 号控制保护柜和 2 号控制保护柜，每 2 路经过切换得到 A 套和 B 套控制系统的 DC220V 母线，分别为 A 套和 B 套控制系统的 CPU 工作电源和直流负荷提供控制电源。另外，每 2 路直流电源经过电源模块形成 A 套和 B 套控制保护系统的 DC24V 母线，为 A 套和 B 套控制保护系统的接口模块和 I/O 模块提供工作电源。控制保护柜直流电源简图如图 2-38 所示。

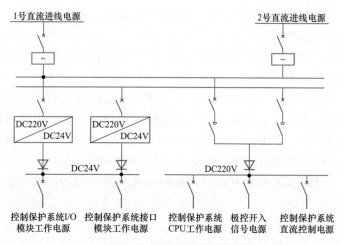

图 2-38　控制保护柜直流电源简图

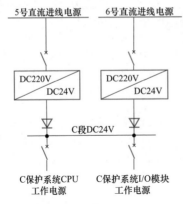

图2-39 保护柜直流电源简图

2路直流DC220V电源接至保护柜，经过电源模块形成保护系统的DC24V母线，为保护系统的CPU和I/O模块提供工作电源。保护柜直流电源简图如图2-39所示。

2.3.3 控制系统设计

柔直换流站水冷系统的控制主要包括：主循环泵控制、电动三通阀控制、电加热器控制、补水泵控制、电磁阀控制、空气冷却器风机控制、闭式冷却塔控制等。水冷控制系统通过合理控制这些电气设备，使得进出换流阀及直流断路器的流量、压力和温度能够满足它们的运行要求。同时水冷控制系统能够稳定地与控制保护系统进行软报文和硬接点通信，及时地将水冷系统的运行状况上传至控制保护系统。

1. 主循环泵控制

柔直换流站每套水冷系统配置2台主循环泵，一主一备。每台主循环泵具有工频旁路回路和软起回路两个独立的工作回路。主循环泵工频旁路回路包括旁路进线断路器、旁路接触器和旁路接触器控制开关。主循环泵软起回路包括软起回路进线断路器、软起动器、软起回路接触器、软起回路接触器控制开关和软起辅助电源开关。两个工作回路只要任一回路正常均可保证主循环泵正常工作。柔直换流站水冷系统的主循环泵启停有两种模式：自动模式与手动模式。在自动模式下，主循环泵的控制逻辑如下。

（1）主循环泵软起动器在主循环泵起动过程中投入运行，当起动完成后，若相应主循环泵旁路回路正常，则主循环泵从软起回路自动切换到工频旁路回路长期运行，软起动器退出运行。

（2）当两台主循环泵的软起回路均故障时，允许从主循环泵旁路回路直接起动主循环泵。

（3）当主循环泵连续运行时间大于主循环泵定时切换时间定值或者远程切换主循环泵时，若备用主循环泵无任何故障，先切换到无故障的备用主循环泵软起回路起动，起动完成后再切换到无故障的备用主循环泵工频旁路回路运行。无论备用主循环泵有任何故障，当前主循环泵都会继续运行。

（4）当主循环泵过热或者只有软起回路开关断开的故障时，主循环泵能够保持运行，此时根据另一台主循环泵的情况判断是否切换主循环泵，水冷系统只报警；对于其他类型主循环泵故障（包括主循环泵旁路回路故障、主循环泵软起回路故障，主循环泵交流电源故障、主循环泵过流故障、主循环泵出力异常），主循环泵不能保持运行，需要立刻切换主循环泵，若两台主循环泵均出现这些类型的故障，则水冷系统发出请求跳闸。

　　主循环泵工频旁路回路故障包括：旁路回路进线电源开关断开、旁路回路接触器控制电源开关断开、旁路回路接触器故障、主循环泵交流电源故障。主循环泵软起回路故障包括：软起回路进线电源开关断开，软起动器故障、软起回路辅助电源开关断开、主循环泵交流电源故障、软起接触器控制电源开关断开、软起回路接触器故障。主循环泵工频旁路回路故障和软起回路故障的逻辑图分别如图 2-40 和图 2-41 所示。

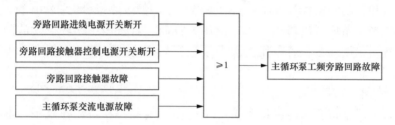

图 2-40　主循环泵工频旁路回路故障逻辑图

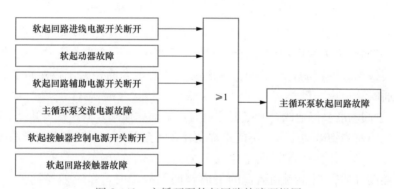

图 2-41　主循环泵软起回路故障逻辑图

　　根据主循环泵工频旁路回路和软起回路出现故障的情况对主循环泵进行相应的控制：

　　1）当主循环泵在软起动过程中出现软起回路故障或者工频旁路回路稳定运行过程中出现工频旁路回路故障，备用主循环泵软起回路和工频旁路回路均正常时，先切换到备用主循环泵软起回路起动，起动完成后再切换至备用主循环泵工频旁路回路稳定运行。

　　2）当主循环泵在工频旁路回路稳定运行过程中出现工频旁路故障且主循环泵软起回路正常，备用主循环泵软起回路正常且工频旁路有故障时，优先切换至备用主循环泵软起回路起动并稳定运行。

　　3）当主循环泵出现工频旁路回路和软起回路均故障，备用主循环泵正常时，自动切换至备用主循环泵运行。

4）在两台主循环泵的工频旁路回路和软起回路均出现故障的极端情况下，保持主循环泵的最后控制状态。

5）当主循环泵过热报警，若备用主循环泵无任何故障，先切换到备用主循环泵软起回路起动，起动完成后再切换到备用主循环泵工频旁路回路稳定运行；若备用主循环泵软起回路存在故障且工频旁路回路正常，直接切换至备用主循环泵工频旁路回路运行；若备用主循环泵软起回路正常且工频旁路回路存在故障，直接切换至备用主循环泵软起回路起动并稳定运行；若备用主循环泵工频旁路回路和软起回路均有故障，当前主循环泵即使过热报警也继续运行。

（5）当主循环泵出口压力和进阀压力低时，若备用主循环泵无故障，自动切换到备用主循环泵；若备用主循环泵运行后压力低报警，主循环泵不再进行切换。

2. 电动三通阀控制

柔直换流站每套水冷系统配置 2 个电动三通阀。在自动模式下，电动三通阀的控制逻辑如下。

（1）根据冷却水进阀温度对电动三通阀进行相应的控制：

1）进阀温度≤三通阀全关温度定值时，电动三通阀关闭，直至开度下限值。

2）三通阀全关温度定值≤进阀温度≤三通阀全开温度定值时，电动三通阀开通角度根据温度控制，当控制目标角度与当前角度的差大于设定调节范围时，调节三通阀至目标角度。

3）进阀温度≥三通阀全开温度定值时，电动三通阀开通，直至开度上限值。

（2）当监测到电动三通阀不能正常全开或者全关时，系统报电动三通阀故障。

（3）一套水冷系统配置两个电动三通阀，正常情况下，只有一个三通阀以及对应蝶阀开通，当监测到运行的三通阀回路故障时，系统切换到另一路三通阀回路，对应的蝶阀打开，原三通阀的蝶阀关闭。当两个三通阀均故障时，两个电动蝶阀均打开。

（4）蝶阀发生故障后需要手动进行复位。

3. 电加热器控制

柔直换流站水冷系统的电加热器启停有两种模式：自动模式与手动模式。在手动模式下可以就地或者在远方后台遥控启停电加热器。

柔直换流站水冷系统的电加热器分为两类：内冷加热器和外冷加热器。

（1）内冷加热器。任何模式下，主循环泵未运行、冷却水流量超低报警及进阀温度高报警或者进阀温度表计故障或者流量表计故障时，电加热器禁止启动。柔直换流站水冷系统的内冷加热器控制需设置 1/2/3/4 组加热器启动和停止定值，加热器按照先启动先停止的原则轮流启停。

在自动模式下，内冷加热器的控制逻辑如下：

1）进阀温度≤1/2/3/4 组加热器启动温度定值时，分别启动 1/2/3/4 组加热器。

2）1/2/3/4 组加热器停止温度定值≤进阀温度时，分别停止 1/2/3/4 组加热器。

3）当监测到凝露报警时，启动加热器。

4）当冷却水进阀温度大于凝露温度 3℃以上且大于加热器停止温度定值时，停止加热器。

5）当加热器发生故障时，加热器停止工作并跳过该组加热器。

（2）外冷加热器。任何模式下，主循环泵未运行、冷却水流量超低报警及进阀温度高报警或者进阀温度表计故障或者流量表计故障时，电加热器禁止启动。柔直换流站水冷系统的外冷加热器控制需设置 1/2/3/4 组加热器启动和停止定值，加热器按照先启动先停止的原则轮流启停。

在自动模式下，外冷加热器的控制逻辑如下：

1）外冷回水温度≤1/2/3/4 组加热器启动温度定值时，分别启动 1/2/3/4 组加热器。

2）1/2/3/4 组加热器停止温度定值≤外冷回水温度时，分别停止 1/2/3/4 组加热器。

3）当加热器发生故障时，加热器停止工作并跳过该组加热器。

表 2-1 和表 2-2 分别为某换流站阀冷系统和断冷系统电加热器控制定值单。

表 2-1　　　　　　　某换流站阀冷系统电加热器控制定值单　　　　　　　℃

参数指标＼设定值	换流站名称		
	S2	S3	S4
第 1 组内冷电加热器启动温度	13	17	16
第 1 组内冷电加热器停止温度	14	18	17
第 2 组内冷电加热器启动温度	12	16	16
第 2 组内冷电加热器停止温度	13	19	17
第 3 组内冷电加热器启动温度	11	—	15
第 3 组内冷电加热器停止温度	12	—	18
第 4 组内冷电加热器启动温度	10	—	15
第 4 组内冷电加热器停止温度	11	—	18
第 1 组外冷电加热器启动温度	13	13	11
第 1 组外冷电加热器停止温度	15	14	12
第 2 组外冷电加热器启动温度	12	12	11
第 2 组外冷电加热器停止温度	14	15	12
第 3 组外冷电加热器启动温度	11	—	10

续表

参数指标 　　　　　　设定值	换流站名称		
	S2	S3	S4
第3组外冷电加热器停止温度	13	—	13
第4组外冷电加热器启动温度	10	—	10
第4组外冷电加热器停止温度	12	—	13

表2-2　　　　　　　　　断冷系统电加热器控制定值单　　　　　　　　　℃

参数指标 　　　　　　设定值	换流站名称		
	S2	S3	S4
第1组内冷电加热器启动温度	15	17	17
第1组内冷电加热器停止温度	19	18.5	18
第2组内冷电加热器启动温度	12	15	16
第2组内冷电加热器停止温度	17	19	19
第1组外冷电加热器启动温度	13	13	—
第1组外冷电加热器停止温度	15	19.5	—
第2组外冷电加热器启动温度	12	11	—
第2组外冷电加热器停止温度	14	20	—

4. 补水泵控制

柔直换流站每套水冷系统配置2台补水泵。补水泵启停有两种模式：自动模式与手动模式。在手动模式下，可以通过就地控制台或者按钮控制补水泵进行手动补水。

自动模式下，补水泵的控制逻辑如下：

（1）当缓冲罐液位低于补水泵启动液位值时补水泵启动开始补水，当胀罐液位大于补水泵停止液位值时补水泵停止补水。

（2）当补水罐液位低报警有效或缓冲罐液位大于补水泵停止液位值或监测到补水泵有故障时，补水泵不能启动。

（3）当监测到补水泵故障或无法工作时，自动切换到另一补水泵继续工作。

（4）补水泵启动前会先发出打开补水电动阀指令，补水电动阀未完全打开时补水泵不能运行。当补水泵运行时禁止关闭补水电动阀。补水电动阀检修压板投入后，不判定电动阀位置，补水泵直接启动。

表2-3和表2-4分别为某换流站中阀冷系统和断冷系统补水泵控制定值单。

5. 电磁阀控制

为了保证冷却水的进阀压力，柔直换流站水冷系统配置补气电磁阀和排气电磁阀。手动模式下，可通过就地控制台手动打开或关闭补气、排气电磁阀。

表 2 - 3　　　　　　　　阀冷系统补水泵控制定值单

参数指标 \ 设定值	换流站名称		
	S2	S3	S4
补水泵启动液位	80cm	35%	30%
补水泵停止液位	90cm	45%/54%/67%/70%	50%

表 2 - 4　　　　　　　　断冷系统补水泵控制定值单

参数指标 \ 设定值	换流站名称		
	S2	S3	S4
补水泵启动液位	40cm	30cm	35%
补水泵停止液位	50cm	45cm	45%/54%/67%/70%

自动模式下，电磁阀的控制逻辑如下：

（1）当缓冲罐压力＜打开补气阀压力定值时，打开氮气补气阀进行补气。

（2）当缓冲罐压力≥关闭补气阀压力定值时，关闭氮气补气阀停止补气。

（3）当缓冲罐压力＞打开排气阀压力定值时，打开缓冲罐排气阀进行排气。

（4）当缓冲罐压力≤关闭排气阀压力定值时，关闭缓冲罐排气阀停止排气。

表 2 - 5 和表 2 - 6 分别为某换流站中阀冷系统和断冷系统电磁阀控制定值单。

表 2 - 5　　　　　　　　阀冷系统电磁阀控制定值单　　　　　　　　MPa

参数指标 \ 设定值	换流站名称		
	S2	S3	S4
补气电磁阀启动压力	0.16	0.15	0.18
补气电磁阀停止压力	0.18	0.18	0.19
排气电磁阀启动压力	0.23	0.22	0.24
排气电磁阀停止压力	0.21	0.20	0.23

表 2 - 6　　　　　　　　断冷系统电磁阀控制定值单　　　　　　　　MPa

参数指标 \ 设定值	换流站名称		
	S2	S3	S4
补气电磁阀启动压力	0.12	0.12	0.15
补气电磁阀停止压力	0.14	0.16	0.18
排气电磁阀启动压力	0.19	0.24	0.22
排气电磁阀停止压力	0.17	0.22	0.20

6. 空气冷却器风机控制

柔直换流站水冷控制系统根据外冷回水温度/进阀温度传感器发送的信号合

理确定空气冷却器投入运行的风机数量和频率。柔直换流站水冷系统的空气冷却器风机启停有两种模式：自动模式与手动模式。

自动模式下，空气冷却器风机的控制逻辑如下。

（1）根据外冷回水温度/进阀温度对风机进行启停控制：

1）当期望温度定值－温度控制变化区间定值＜外冷回水温度/进阀温度＜期望温度定值＋温度控制变化区间定值时，风机数量保持不变。

2）当期望温度定值＋温度控制变化区间定值＜外冷回水温度/进阀温度时，风机依次启动。

3）当外冷回水温度/进阀温度＜期望温度定值－温度控制变化区间定值时，风机依次停止。

（2）风机启动按照先启先停、先停先启、循环启停的原则。

（3）变频风机与工频风机的启动顺序为先启变频后启工频，先停工频后停变频。

（4）变频风机达到最高/最低频率后才能启动/停止下一组风机。

（5）变频风机的频率根据期望温度进行 PID 运算，控制原理如图 2-42 所示。

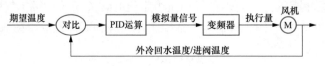

图 2-42　变频风机频率控制原理

（6）单台风机连续工作 7 天后切至空闲风机。

（7）若有风机发生故障则切至空闲风机。

（8）风机启动时间间隔有以下两种方式：

1）当外冷回水温度/进阀温度＞期望温度定值＋温度控制变化区间定值＋2℃时，风机启动时间间隔为风机快速切换定值。

2）当外冷回水温度/进阀温度＜期望温度定值＋温度控制变化区间定值＋2℃时，风机启动时间间隔为风机慢速切换定值。

（9）空气冷却器所有风机设置就地启/停安全开关，控制系统对其进行实时监测。

7. 闭式冷却塔控制

在夏季极端工况下，当空气冷却器不足以提供系统所需的散热容量时，柔直换流站水冷系统中的闭式冷却塔投入运行辅助空气冷却器降温。每套水冷系统配置 2 台闭式冷却塔，并且 2 台闭式冷却塔同时运行。柔直换流站水冷控制系统根据外冷回水温度/进阀温度传感器发送的信号来确定闭式冷却塔风机的频率。每台闭式冷却塔配置 2 台喷淋泵，一主一备。柔直换流站水冷系统的闭式冷却塔启停有两种模式：自动模式与手动模式。

自动模式下，闭式冷却塔的控制逻辑如下。

（1）某台闭式冷却塔发生故障退出运行时，立即提高另外一台闭式冷却塔风机的频率，从而保证冷却效果。

（2）根据外冷回水温度/进阀温度对喷淋泵进行启停控制：

1）当期望温度定值＋温度控制变化区间定值＜外冷回水温度/进阀温度时，喷淋泵启动。

2）当期望温度定值－温度控制变化区间定值＜外冷回水温度/进阀温度＜期望温度定值＋温度控制变化区间定值时，喷淋泵维持运行状态。

3）当外冷回水温度/进阀温度＜期望温度定值－温度控制变化区间定值时，喷淋泵停止。

（3）喷淋泵发生故障时，自动切换至备用水泵。

（4）喷淋泵出口压力低于设定值时，自动切换至备用水泵。

（5）喷淋泵连续工作 7 天后，切至备用水泵。

8. 喷淋水池补水控制

柔直换流站水冷系统配置 2 台工业水泵，一主一备。工业水泵出口处安装有压力表计和流量表计。当工业水泵出口压力或流量低或故障时，水冷系统自动切泵。自动模式下，自循环泵的控制逻辑如下：

（1）当喷淋水池液位低于喷淋水池启动补水液位定值时，启动工业水泵为喷淋水池进行补水，当喷淋水池液位高于喷淋水池停止补水液位定值时，停止工业水泵。

（2）当工业水泵连续运行时间大于工业水泵定时切换时间定值或者远程切换工业水泵时，若备用工业水泵无任何故障，先切换到无故障的备用工业水泵启动。无论备用工业水泵有任何故障，当前工业水泵都会继续运行。

（3）当工业水泵故障时，自动切换至备用工业水泵。若备用工业水泵也处于故障状态，则水冷系统报警。

9. 自循环泵控制

柔直换流站水冷系统配置 2 台自循环泵，一主一备。自循环泵端子箱设置就地启动/停止按钮。按下启动/停止按钮，自循环泵实现启动/停止功能。另外在水处理后台可远方控制自循环泵的启动/停止。自动模式下，自循环泵的控制逻辑如下：

（1）当喷淋水池液位低报警时，自循环泵不允许启动。若无喷淋水池液位低报警时，当自循环泵连续运行时间大于自循环泵定时切换时间定值或者远程切换自循环泵时，若备用自循环泵无任何故障，先切换到无故障的备用自循环泵启动。无论备用自循环泵有任何故障，当前自循环泵都会继续运行。

（2）当自循环泵故障时，自动切换至备用自循环泵，若备用自循环泵也处于故障状态，则水冷系统报警。

10. 排污潜水泵控制

柔直换流站水冷系统在阀冷设备间喷淋泵泵坑内的集水坑中配置 2 台排污潜水泵，一主一备。排污潜水泵均配置高液位开关和低液位开关。潜水泵端子箱设置就地启动/停止按钮，按下启动/停止按钮，潜水泵实现启动/停止功能。自动模式下，排污潜水泵的控制逻辑为：当集水坑内的液位触发高液位开关时，两台排污潜水泵同时启动运行，且控制系统报出"集水坑液位高"报警。当集水坑内的液位触发低液位开关时，排污潜水泵停止运行。

11. 反渗透装置控制

柔直换流站水冷系统在每极配置 1 套反渗透装置，反渗透装置包括反渗透升压泵、保安过滤器、产水流量变送器、产水电导率变送器、进口压力变送器和出口压力变送器等。自动模式下，反渗透装置的控制逻辑如下：

（1）当反渗透装置开机时，首先开启进口缓开阀、不合格产水排放阀和浓水排放阀。依靠砂滤罐和炭滤罐的产水压力，低压冲洗反渗透膜装置约 2min，设备进入待开机状态，并保持阀门处于开启状态。

（2）低压冲洗完成后，开启反渗透升压泵，进行高压冲洗。高压冲洗 2min 后，关闭不合格产水排放阀和浓水排放阀。

（3）反渗透升压泵采用变频控制，并根据当前产水流量采用 PID 原理控制变频器的工作频率。在运行产水过程中反渗透升压泵连续运行时间每累积 60min，不合格产水排放阀和浓水排放阀开启 2min，冲洗反渗透膜中的杂质。

（4）当反渗透装置准备关机时，先开启不合格产水排放阀和浓水排放阀 2min，降低反渗透装置的运行压力。

（5）反渗透装置泄压后，关闭反渗透升压泵，依靠砂滤罐和炭滤罐的产水压力低压冲洗反渗透装置，完成后关闭产水排放阀和浓水排放阀。

（6）反渗透升压泵采用轮询切换功能，按运行次数依次运行。当反渗透升压泵故障时，自动切换至备用升压泵。

2.3.4　保护系统设计

柔直换流站水冷系统的保护主要包括：温度保护、液位保护、流量压力保护、渗漏和泄漏保护、电导率保护、母线电压保护等。

柔直换流站水冷保护系统的各种信号监测采用两个或三个传感器。当水冷保护系统配置三个传感器监测信号且三个传感器均处于正常状态时，保护按"三取二"原则出口，即两个传感器测量值同时达到相应定值后，水冷控制系统延时出口跳闸或报警；当一个传感器故障时，保护按"二取一"原则出口，即处于正常状态的两个传感器中的一个达到相应定值后，水冷控制系统延时出口跳闸或报警；当两个传感器故障时，保护按"一取一"原则出口，即处于正常状态的传感器达到相应定值后，水冷控制系统延时出口跳闸或报警。当水冷保护系统配置两个传感器监测信号且两个传感器均处于正常状态时，保护按"二取一"原则出口，即处于正常状态的两个传感器中的一个达到相应定值后，水冷控制系统延时出口跳闸或报警；当一个传感器故障时，保护按"一取一"原则出口，即处于正常状态的传感器达到相应定值后，水冷控制系统延时出口跳闸或报警。

1. 温度保护

柔直换流站水冷保护系统配置三个温度传感器监测进阀温度、出阀温度、外冷回水温度等温度信号。进阀温度保护原理是通过温度传感器（TT01、TT02和TT03）实时采集进阀温度，并与进阀温度保护定值进行比较来判断进阀温度是否正常。进阀温度保护包括进阀温度超高、偏高、偏低和超低四种故障。当发生进阀温度偏高、偏低以及超低时，水冷控制系统均延时3s发送报警。当发生进阀温度超高时，水冷控制系统延时3s出口跳闸。当进阀温度传感器均故障时，S2换流站的水冷控制系统延时6s发不可用信号，S3换流站和S4换流站的水冷控制系统分别延时3s和10s出口跳闸。进阀温度保护逻辑图如图2-43所示。

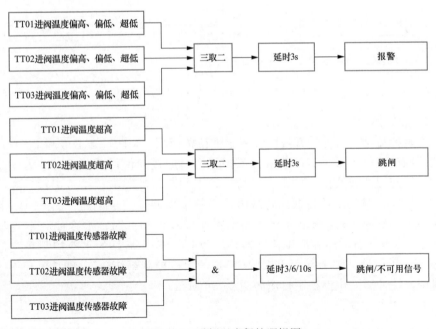

图2-43 进阀温度保护逻辑图

出阀温度保护原理是通过温度传感器（TT06、TT07和TT08）实时采集出阀温度，并与出阀温度保护定值进行比较来判断出阀温度是否正常。出阀温度保护包括出阀温度超高和偏高两种故障。当发生出阀温度超高和偏高时，水冷控制系统均延时 3s 发送报警。出阀温度保护逻辑图如图 2-44 所示。

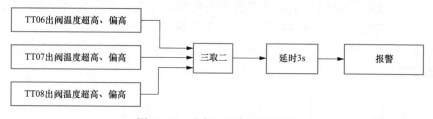

图 2-44　出阀温度保护逻辑图

外冷回水温度保护原理是通过温度传感器（TT11、TT12 和 TT13）实时采集外冷回水温度，并与外冷回水温度保护定值进行比较来判断外冷回水温度是否正常。外冷回水温度保护包括出阀温度偏高和偏低两种故障。当发生外冷回水温度偏高和偏低时，水冷控制系统均延时 3s 发送报警。外冷回水温度保护逻辑图如图 2-45 所示。

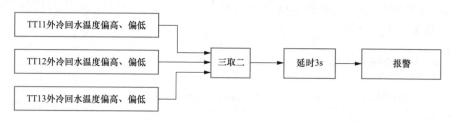

图 2-45　外冷回水温度保护逻辑图

2. 液位保护

柔直换流站水冷保护系统配置三个液位传感器（LT01、LT02 和 LT03）来监测缓冲罐液位信号。缓冲罐液位保护原理是通过液位传感器实时采集缓冲罐液位，并与缓冲罐液位保护定值进行比较来判断缓冲罐液位是否正常。液位保护包括偏高、偏低以及超低三种故障。当发生缓冲罐液位偏高、偏低时，水冷控制系统均延时 5s 发送报警。当发生缓冲罐液位超低时，水冷控制系统延时 10s 出口跳闸。当缓冲罐液位传感器均故障时，S2 换流站的水冷控制系统延时 6s 发不可用信号，S3 换流站和 S4 换流站的水冷控制系统分别延时 3s 和 10s 出口跳闸。缓冲罐液位保护逻辑图如图 2-46 所示。

3. 流量压力保护

柔直换流站水冷系统的流量压力保护包括流量保护、压力保护以及流量压力联合保护。

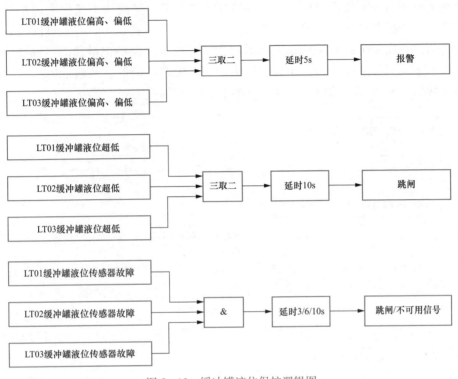

图 2-46　缓冲罐液位保护逻辑图

（1）流量保护。柔直换流站水冷保护系统配置三个流量传感器（FIT01、FIT02 和 FIT03）来监测主循环回路流量信号。流量保护原理是通过流量传感器实时采集主循环回路流量，并与主循环回路流量保护定值进行比较来判断主循环回路流量是否正常。流量保护包括偏高、偏低以及超低三种故障。当发生主循环回路流量偏高、偏低以及超低时，换流阀冷却系统（阀冷）控制系统和直流断路器冷却系统（断冷）控制系统分别延时 12s 和 10s 发送报警。主循环回路流量保护逻辑图如图 2-47 所示。

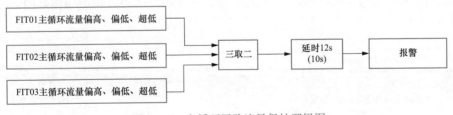

图 2-47　主循环回路流量保护逻辑图

（2）压力保护。柔直换流站水冷保护系统配置压力传感器监测进阀压力、主泵进口压力、主泵出口压力、缓冲罐压力等信号。进阀压力保护原理是通过三个压力传感器（PT01、PT02 和 PT03）实时采集进阀压力，并与进阀压力保护定值进行比较来判断进阀压力是否正常。进阀压力保护包括超高、偏高、偏低以及超低四种故障。当发生进阀压力超高、偏高、偏低以及超低时，水冷控制系统均延时 3s 发送报警。进阀压力保护逻辑图如图 2-48 所示。

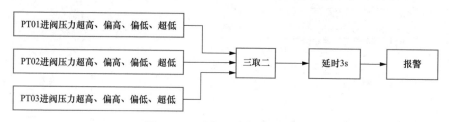

图 2-48　进阀压力保护逻辑图

主泵进口压力保护原理是通过两个压力传感器（PT06 和 PT07）实时采集主泵进口压力，并与主泵进口压力保护定值进行比较来判断主泵进口压力是否正常。主泵进口压力保护包括偏高和偏低两种故障。当发生主泵进口压力偏高和偏低时，水冷控制系统均延时 3s 发送报警。主泵进口压力保护逻辑图如图 2-49 所示。

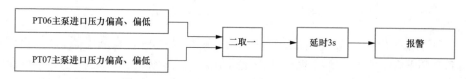

图 2-49　主泵进口压力保护逻辑图

主泵出口压力保护原理是通过两个压力传感器（PT21 和 PT22）实时采集主泵出口压力，并与主泵出口压力保护定值进行比较来判断主泵出口压力是否正常。主泵出口压力保护包括偏高和偏低两种故障。当发生主泵出口压力偏高和偏低时，水冷控制系统均延时 3s 发送报警。主泵出口压力保护逻辑图如图 2-50 所示。

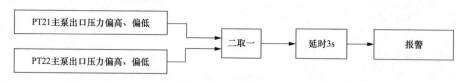

图 2-50　主泵出口压力保护逻辑图

　　缓冲罐压力保护原理是通过两个压力传感器（PT11 和 PT12）实时采集缓冲罐压力，并与缓冲罐压力保护定值进行比较来判断缓冲罐压力是否正常。缓冲罐压力保护包括偏高和偏低两种故障。当发生缓冲罐压力偏高和偏低时，水冷控制系统均延时 3s 发送报警。缓冲罐压力保护逻辑图如图 2-51 所示。

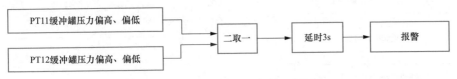

图 2-51　缓冲罐压力保护逻辑图

　　（3）流量压力联合保护。柔直换流站水冷保护系统的流量压力联合保护原理是将流量传感器（FIT01、FIT02 和 FIT03）和压力传感器（PT01、PT02 和 PT03）采集的主循环回路流量和进阀压力同时与其相应的保护定值进行比较来判断主循环回路流量和进阀压力是否正常。流量压力联合保护包括主循环回路流量超低且进阀压力偏低、主循环回路流量超低且进阀压力偏高、主循环回路流量传感器均故障且进阀压力偏低、主循环回路流量传感器均故障且进阀压力偏高、进阀压力超低且主循环回路流量偏低、进阀压力传感器均故障且主循环回路流量偏低、主循环回路流量传感器均故障且进阀压力传感器均故障共 7 种故障。

　　当发生主循环回路流量超低且进阀压力偏低、主循环回路流量超低且进阀压力偏高和进阀压力超低且主循环回路流量偏低这 3 种故障时，S2 换流站和 S4 换流站的水冷控制系统均分别延时 12s 和 15s 出口跳闸。当发生主循环回路流量传感器均故障且进阀压力偏低和主循环回路流量传感器均故障且进阀压力偏高这 2 种故障时，水冷控制系统均延时 3s 出口跳闸。当发生进阀压力传感器均故障且主循环回路流量偏低故障时，S2 换流站和 S4 换流站的水冷控制系统分别延时 12s 和 15s 出口跳闸。当发生主循环回路流量传感器均故障且进阀压力传感器均故障时，S2 换流站的水冷控制系统延时 6s 发不可用信号。流量压力联合保护逻辑图如图 2-52 所示。

　　4. 渗漏和泄漏保护

　　（1）渗漏保护。柔直换流站水冷保护系统的渗漏保护原理是通过缓冲罐的液位变化来判断水冷系统是否发生渗漏情况。柔直换流站水冷保护系统每 3min 采样一次液位值，并将液位的变化记录下来。在 24h 内，如果缓冲罐的液位变化超过定值，水冷控制系统出口渗漏报警。在主循环泵启动 2min 内、补水泵运行期间以及缓冲罐液位传感器发生故障时，水冷控制系统将屏蔽渗漏保护。

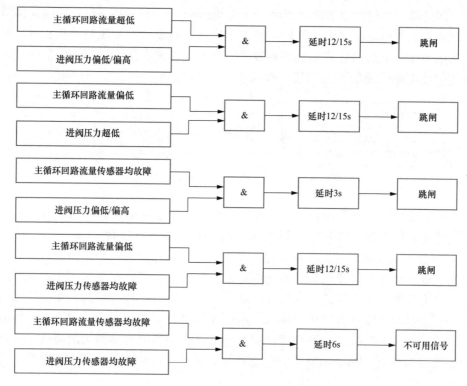

图 2-52 流量压力联合保护逻辑图

（2）泄漏保护。柔直换流站水冷保护系统的泄漏保护原理仍然是通过缓冲罐的液位变化来判断水冷系统是否发生泄漏情况。S2 换流站水冷保护系统每 3s 采样一次液位值，若缓冲罐的液位连续 15 次出现下降速度超过泄漏判定整定值，水冷控制系统出口泄漏报警并请求跳闸。若缓冲罐的液位持续 30s 泄漏速度达到泄漏跳闸定值，S3 换流站水冷控制系统出口泄漏报警并请求跳闸。S4 换流站水冷保护系统每隔 2s 采样一次液位值，比较 10s 前后缓冲罐的液位，若每隔 10s 缓冲罐的液位下降值大于 0.3%，则水冷控制系统出口泄漏报警并请求跳闸。在主循环泵启动 30min 内、风机启动 10min 内以及缓冲罐液位传感器发生故障时，水冷控制系统将屏蔽泄漏保护。

5. 电导率保护

柔直换流站水冷保护系统配置三个电导率传感器（QIT01、QIT02 和 QIT03）来监测主循环回路电导率信号。电导率保护原理是通过电导率传感器实时采集主循环回路电导率，并与主循环回路电导率保护定值进行比较来判断主循环回路电导率是否正常。电导率保护包括超高和偏高两种故障。当发生主循环回路电导率超高和偏高时，均延时 10s 发送报警。主循环回路电导率保护逻辑图如图 2-53 所示。

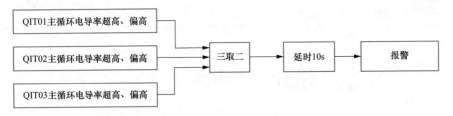

图 2-53 主循环回路电导率保护逻辑图

6. 母线电压保护

柔直换流站水冷系统的母线电压保护包括过电压保护、欠电压保护以及相不平衡保护。

（1）过电压保护。过电压保护主要是为了防止由于主循环泵、补水泵及风机等设备长时间过电压运行而影响设备的绝缘性能或损坏设备。过压保护原理是当动力电源电压的有效值超过保护动作定值时，延时 3s 过电压保护动作并出口报警。

（2）欠电压保护。欠电压保护主要是为了防止由于主循环泵、补水泵及风机等设备长时间欠电压运行而造成电流增大进而设备过热或损坏。欠压保护原理是当动力电源电压的有效值超过保护动作定值时，延时 3s 欠电压保护动作并出口报警。

（3）相不平衡保护。相不平衡保护主要是为了防止由于主循环泵、补水泵及风机等设备在动力电源三相电压不平衡时产生负序电流使电机过热而造成损坏。相不平衡保护原理是当动力电源电压产生的零序电压有效值超过保护动作定值时，延时 2s 相不平衡电压保护动作并出口报警。

第 3 章

水冷系统运维技术

换流阀和高压直流断路器是换流站的核心设备，正常运行时，通过晶闸管的大电流产生大量热量，导致晶闸管、电抗器等元件温度急剧上升，为防止这些元件因温度过高而损坏，换流站配置有冷却系统对换流阀和高压直流断路器进行冷却。高压直流断路器冷却系统与换流阀冷却系统结构原理一致，运检方法相同，故本章结合某柔性直流电网工程 S3 换流站阀冷系统的运维经验，从运行规定、操作规定、设备巡视和设备运行维护 4 个方面介绍水冷系统运维的相关内容。

S3 换流站内设有两座阀厅，每座阀厅设置一套阀外冷却系统，阀外冷却系统采用空气冷却器（空冷器）串辅助水冷（闭式冷却塔）的方案。站内设有一座主控制楼和一座辅控制楼，各设有一间阀冷设备间和一间阀冷控制保护及配电间。主控制楼和辅控制楼旁边各设置一座空冷防冻棚。阀内冷却设备、阀内冷水处理设备、喷淋水泵组、喷淋水处理设备等设备布置在阀冷设备间内；阀冷控制柜等设备布置在阀冷控制保护及配电间；阀外冷却设备（包括冷却塔、空冷器）布置在空冷防冻棚内。每座阀厅的一组换流阀设置一套独立的闭式循环水冷却系统。S3 换流站换流阀水冷系统主要由主循环泵、空气冷却器、闭式冷却塔、去离子装置、脱气罐、电加热器、膨胀水箱、过滤器、补充水泵、配电及控制等设备组成，单套阀冷系统相关配置如表 3-1 所示。

表 3-1 阀水冷主设备配置表

名称	型号规格	数量
主循环泵	MCPK200-150-500CC，132kW	共 2 台，一用一备
主过滤器	壳体 304L，过滤芯 316L，通水量 292t/h，过滤精度为 100 μm	共 2 台
精密过滤器	壳体 304L，过滤芯 316L，通水量 7.5t/h，过滤精度为 5 μm	共 2 台
内冷水补水过滤器	壳体 304L，过滤芯 316L，通水量 3t/h，过滤精度为 5 μm	共 1 台
喷淋补水机械过滤器	过滤精度 100 μm	共 1 台
电加热器（内冷）	30kW	共 3 台，配置在主机模块
电加热器（外冷）	60kW	共 4 台，配置在室外管道上

名称	型号规格	数量
空冷器	YP10.8x2.3	7台管束（6+1配置）
闭式冷却塔	FXV-0809A-24T-H	共2台，一用一备
离子交换器	304L，φ500mm×1700mm	共2台，一用一备
原水泵	CRN 3-2，0.37kW	共1台
膨胀水箱	304L，φ600mm×2000mm	共2个
脱气罐	304L，φ650mm×1700mm	共1台
喷淋泵	NBG125-100-250/235，11kW	共2组，每组2台，互为备用
RO装置	4m³/h	共1套
炭滤器	30″，过滤精度为50μm	共1套
旁滤循环泵	CRN 5-7，1.1kW	共2台，1用1备
砂滤器	16″，过滤精度为80μm	共1套
一体化加药装置	BT4b	共1套，含2台加药泵
控制柜	2260×800×600	共1套

冷却水在室内换流阀热交换器内加热升温后，由循环水泵驱动进入室外空气冷却器，空气冷却器配置有换热盘管（带翅片）及变频调速风机，风机驱动室外大气冲刷换热盘管外表面，使换热盘管内的水得以冷却，降温后的冷却水由循环水泵再送至室内，如此周而复始地循环。为了控制进入换流阀内冷却水的电导率，在主循环回路上并联一个水处理回路。水处理回路主要由一用一备的离子交换器和交换器出水段的精密过滤器组成。系统运行时，部分内冷却水从主循环回路旁通进入水处理装置进行去离子处理，去离子后的内冷却水的电导率会降低，处理后的内冷却水再回至主循环回路。随着水处理装置连续不断地运行，内冷却水的电导率会被控制在换流阀所要求的范围之内。同时为防止交换器中的树脂被冲出而污染冷却水水质，在交换器出水口设置一个精密过滤器。本工程每个阀冷系统的室外空冷器均采用N+1的冗余配置，即使一台空冷器管束故障切除，本冷却系统仍可以满足换流阀的冷却需求。当夏季温度超过设计温度或者进阀温度接近报警值时，会启动闭式冷却塔，以保证换流阀对进阀温度的要求。阀冷却系统设置就地控制和中央监控，采用PLC控制器，对冷却水的水温、电导率、水压、流量等参数进行监测、显示和自动调节，控制系统的电源、传感器及控制器均设置冗余配置。

3.1 运行规定

3.1.1 内水冷系统的运行规定

（1）阀内水冷系统除例行检修及事故抢修外，应保持常年运行。

（2）阀内水冷系统正常运行时，阀双极高低端阀组均配置有两台主循环泵，互为备用，正常运行时每周自动切换一次，其电源取自相应极高低端 400V 配电室，两回路电源全部丢失时，换流阀将闭锁。

（3）换流阀内冷却水（阀冷）系统跳闸定值如表 3-2 所示。

表 3-2 阀冷系统跳闸定值

编号	参数名称	跳闸值	复归值	延时时间（s）
1	两台主泵均故障且冷却水流量低跳闸	—	—	10
2	膨胀罐液位传感器均故障跳闸	—	—	10
3	进阀温度传感器均故障	—	—	3
4	进阀压力传感器均故障且冷却水流量超低跳闸	—	—	10
5	冷却水流量传感器均故障且进阀压力低跳闸	—	—	10
6	冷却水流量传感器均故障且进阀压力高跳闸	—	—	10
7	进阀压力超低且冷却水流量低跳闸	—	—	10
8	冷却水流量超低且进阀压力低跳闸	—	—	10
9	冷却水流量超低且进阀压力高跳闸	—	—	10
10	进阀温度超高跳闸	44℃	43℃	10
11	膨胀罐液位超低跳闸	10%	15%	10
12	阀冷系统泄漏跳闸	53mm/30s		

（4）正常运行时，应定期监测流量、水温、液位、压力及电导率等主要运行参数。

（5）换流阀停运一定时间后才可停运阀冷却系统，以确保换流阀晶闸管结温在正常范围内；恢复运行时，必须启动系统并循环内水冷直至电导率符合换流阀投运条件。

（6）阀冷却系统停运时间如果长于六个月，必须放空系统内的冷却水，并且清除离子交换器的树脂；如果停运一周到六个月，期间每周必须启动系统并循环内水冷运行 30min。

（7）内水冷系统检修可能导致保护动作时，应停用相关保护功能。

（8）正常运行时，严禁两套冷却控制保护系统同时退出运行。

阀内水冷系统主设备运行规定如表 3-3 所示。

表 3-3 阀内水冷系统主设备运行规定

设备名称	运行规定
主循环泵	（1）每次启动主循环泵前，都应检查相关阀门的位置是否正确，膨胀罐的水位是否正常
	（2）正常运行时，内冷水循环泵选择开关应置于"自动"位置
	（3）正常运行时，一台工作，一台备用，每周自动切换一次
	（4）每日检查一次主循环泵运行情况，包括振动、噪声、油位等，发现异常，应及时处理

设备名称	运行规定
离子交换器	（1）正常运行时，两个去离子设备串联或并联运行
	（2）正常运行时，按照厂家说明书定期更换离子交换器中的树脂
	（3）当阀冷却保护系统发出主水电导率高报警信号时，现场检查属实后，应及时更换树脂
氮气加压系统	（1）两套氮气加压系统，一套运行，一套备用
	（2）当运行中的氮气瓶压力低于设定值时，系统将报警，此时应手动切换到备用氮气加压系统运行，同时更换氮气瓶
其他规定	（1）每次站用电系统切换后，都要检查阀冷却系统运行是否正常
	（2）阀冷却系统正常运行时，应保证内冷水进水水温、出水水温、电导率和流量不超过报警值
	（3）站内要备有足够的氮气罐和去离子水

3.1.2　外水冷系统的运行规定

（1）正常运行时，定期监测水位、压力、流量、电导率、水温等主要运行参数。

（2）喷淋水系统停运时间超过一周但少于六个月时，应保证系统每周循环一次，每次时间不少于 30min；加药系统应正常投入，以防止喷淋水池和管道中有机物的沉积。若系统停运时间超过六个月，则需排空整个喷淋系统并清洁喷淋水池。

（3）补水系统、旁滤过滤系统、活性炭过滤系统、化学处理系统、排水阀等各系统控制都为"自动"模式。

阀外水冷系统主设备运行规定如表 3-4 所示。

表 3-4　　　　　　　　　　阀外水冷系统主设备运行规定

设备名称	运行规定
冷却塔	（1）冷却塔投入运行前，应检查内冷水的进、出水阀门是否在打开位置，冷却塔风扇的电源是否在合上位置
	（2）大修过后或风扇首次投运时，在投运后，应检查风扇的转向和转速是否正常
喷淋泵	（1）每次启动喷淋泵前，应检查喷淋泵是否进气，启动后，检查喷淋泵出水是否正常，若无出水，应立即断开喷淋泵电源
	（2）喷淋泵运行时，其出水泄流阀根据累计流量自动打开
	（3）喷淋泵正常运行时，其出水管上阀门应保持半开位置，以便使适当的水通过过滤器进行处理
平衡水池	正常运行时，平衡水池的水位应保持在正常范围之内，如果水位低于设定值，补水系统自动启动，直到水位升至正常值为止
过滤器	（1）正常情况下，补水回路过滤器两个运行，一个备用
	（2）补水回路过滤器的进水压力应保持高于设定值
	（3）喷淋泵、工业泵的出水过滤器要定期更换滤网

续表

设备名称	运行规定
反渗透单元	（1）系统运行时，严禁旁通反渗透单元，严禁打开旁通
	（2）当流量计指示流量小于设定值时，用酸性溶液清洗
	（3）当电导率表计的指示值大于设定值时，用碱溶液清洗
砂滤炭滤器	过滤器上端盖的滤层表面应该是平整清爽的，不应有沟槽。如果很难分辨而沟槽确实存在，则排空过滤器内积水，使用一根柔性管，用高压水来混合滤料使之易碎

3.1.3 外风冷系统的运行规定

（1）控制系统负责室外冷却风机的温度调节逻辑，对冷却风机的转速或启停数量进行 PID 调节。

（2）换流阀进水温度高于设定值时，循环冷却水温度由室外冷却风机的风量进行调节。

（3）换流阀进水温度低于设定值时，冷却风机全部切除退出运行。

（4）风量调节可通过变频器调节风机的转速或投入运行风机的台数实现。

（5）若干台空气冷却器使用在同一个冷却回路中时，一般情况下均同时运行；当一台发生故障时，其他风机将增加转速从而保持水温稳定。

3.2 操作规定

（1）正常运行时，内水冷系统主循环泵应为一用一备，控制模式为"远方"及"自动"。定期检查主循环泵自动切换是否正常，润滑油油位是否正常，运行声音是否异常，轴封是否渗水，电机、主循环泵、动力电源接头是否过热。

（2）阀内水冷系统如果停运一周到六个月，停运期间每周必须启动系统并将内水冷循环运行 30min；停运时间如果长于六个月，必须放空系统内的去离子水，并且清除离子交换器的树脂。

（3）阀内水冷系统主循环泵停运时，应先断开主电源开关，方可断开安全开关，禁止通过安全开关停运主循环泵。

（4）阀内水冷每次倒换离子交换器时或进行补水时，应先退出泄漏保护和渗漏保护，方可继续进行相关操作。

（5）阀内水冷系统主循环泵投入运行前，应检查相关阀门位置是否正确，内水冷水位是否正常，各设备应无故障报警。

（6）补水系统、加药系统、砂滤系统、冷却塔（喷淋泵、风机）等投入后，检查平衡水池水位是否正常，喷淋泵、风机运行声音是否异常，喷淋泵、风机、动力电源接头是否过热。

（7）从主/辅控楼出来到空冷棚之间的水冷管路装设有伴热带，伴热带电源在阀冷控制保护及配电室的交流电源屏，伴热带需要在人机界面手动启停，平时不需要投入，只有在极端条件（换流阀停运、内冷水温度低于15℃）才下需要投入。

（8）阀内水冷系统出现主水或补水电导率高时，应及时进行检查分析，必要时更换树脂。

（9）系统停运时间超过一周但少于六个月时，应保证系统及砂滤每周循环一次，每次时间不少于30min，生物处理系统应正常投入，以防止平衡水池和管道中有机物的沉积。若系统停运时间超过六个月，应排空整个喷淋系统并清洁平衡水池。

（10）站内设置正极、负极空冷棚，棚内包含闭式冷却塔、冷却风机等断冷、阀冷冷却设备。直流断路器、换流阀运行或停运过程中，应关注空冷棚内温湿度是否在适宜范围内，不应使阀冷、断冷管路内冷却水温度超出保护定值范围。合理利用空冷棚卷帘门、加热器等设施对空冷棚温湿度进行管控。

3.3　设备巡视

3.3.1　例行巡视

例行巡视是指对站内设备及设施外观、异常声响、设备渗漏、监控系统、二次装置及辅助设施异常报警、消防安防系统完好性、换流站运行环境、缺陷和隐患跟踪检查等方面的常规性巡查，具体巡视项目按照现场运行通用规程和专用规程执行，换流站例行巡视每天不少于1次。阀冷却系统的例行巡视的要求及注意事项如下：

（1）阀冷却设备应配备可靠的自动监测和报警系统，设备运行期间指定专人监测，不满足条件的应适当增加对阀冷却设备的巡视次数。

（2）阀冷却系统应安装清晰准确的设备标识牌，设备标识牌应包括完整的设备名称及编号。阀冷却系统管道、传感器及阀门应有清晰准确的运行编号，传感器及阀门运行编号牌应包括完整的名称及编号。

（3）为确保夜间巡视安全，阀水冷系统区域应具备完善的设备区域照明。

（4）运维管理单位应根据阀水冷设备的实际摆放位置和正常运行时的设备状态编制《阀水冷系统巡视作业指导书》，确定巡视项目及标准。

（5）巡视用具应合格、齐备，运行维护人员应清楚阀水冷系统的巡视路径和巡视要点，能熟练操作巡视中使用的各种仪器、设备。

（6）巡视期间应检查阀冷控制室温度、湿度是否在适当范围内，出入设备间应及时将门关闭，应确保阀冷设备室及控制室的空调、消防、照明设备均正常运行。

第 3 章

阀冷却系统的例行巡视包含三部分：内冷水系统日常巡视、外冷水系统日常巡视、外风冷系统日常巡视。巡视的具体项目及要求如表3-5、表3-6和表3-7所示。

表3-5　　　　　　　　　阀内水冷系统日常巡视项目及要求

设备名称	巡视内容
主循环泵	（1）主循环泵润滑油油位正常，无渗漏，主循环泵电机电流值正常，三相电流平衡
	（2）主循环泵无异常声响，无焦糊味，无渗漏油、水
	（3）主循环泵红外测温无异常，轴承温度无异常
	（4）主循环泵出口压力正常，主过滤器前后压差正常
内冷水主回路	（1）主循环泵、内冷水管道、各阀门及法兰连接处外观正常，无严重锈蚀、渗漏水等现象，内冷水管道阀门位置正确，指示清晰
	（2）主循环泵、各控制盘柜运行声音无异常，内冷水管道无异常振动，现场气味无异常
	（3）内冷水进、出水温度正常，流量正常，膨胀罐水位不低于报警值
内冷水处理回路	（1）管道、阀门及传感器的运行编号应完整清晰，回路标识和流向指示应齐全清晰，无锈蚀、无渗漏
	（2）去离子交换器树脂无渗漏，内冷水电导率低于报警值，氮气罐及减压阀压力不低于正常值；稳压系统压力正常，原水罐内液位正常，原水充足
仪器仪表	外观完好无破损，传感器与管道连接处无渗漏，表计显示屏正常，冗余表计读数一致
内冷水动力柜及控制保护柜	（1）无处于维护状态的内冷系统测量元件，盘柜照明功能正常，端子接线无脱落，无异常打开端子
	（2）内冷水控制屏、电源控制显示屏显示正常无异常报警，各指示灯状态正常，控制保护板卡及PLC模块运行指示灯正常，无报警灯亮；主机、板卡、网关和光电转换器等指示灯正常
	（3）主循环泵、母线排、负荷开关、接触器无明显过热点
	（4）电源就地控制盘、控制保护盘接地连接良好，无凝露现象，各元器件标识清楚、无缺失损坏
	（5）变频器及软启动器面板显示及信号指示灯正常，控制方式在正常位置；内冷动力及控制柜柜体冷却风扇运行正常，无异响及异味
	（6）屏柜开关、接触器、二次回路红外测温正常

表3-6　　　　　　　　　阀外水冷系统日常巡视项目及要求

设备名称	巡视内容
外水冷主回路	（1）各类水泵、电机、阀门、罐体、过滤器等连接处无漏水现象，加药管路及连接处无渗漏、无腐蚀现象
	（2）各阀门位置正确，高压泵、喷淋泵无异常声音和明显振动，无渗漏水、溢水等现象
	（3）管道、阀门及传感器的运行编号应完整清晰，回路标识和流向指示应齐全清晰，无锈蚀、无渗漏

56

续表

设备名称	巡视内容
冷却塔 （冷却风机）	（1）冷却器风扇无异常声响，防雨罩完好
	（2）同一极各冷却塔的喷水情况平衡，冷却塔风扇的转速平衡
平衡水池	平衡水池水位在正常范围内，水质清澈无藻类
仪器仪表	外观完好无破损，传感器与管道连接处无渗漏，表计显示屏正常，冗余表计读数一致
炭滤砂滤、加药、反渗透系统	（1）RO系统的产水流量、浓水流量、膜组压差、产水电导率、进水水温等参数正常
	（2）加药罐内药剂充足，无渗漏，加药泵运行正常，无异常振动和声响、无焦糊味
	（3）炭滤砂滤无渗漏，反洗泵无异常振动和声响、无焦糊味
外冷水动力柜及电源盘柜	（1）无处于维护状态的测量元件，盘柜照明功能正常，端子接线无脱落，无异常打开端子
	（2）显示屏显示正常无异常报警，各指示灯状态正常，无报警灯亮
	（3）就地控制盘柜的控制方式与参数显示正常；盘面上的相关电压、电流、水位、压力表的指示值正常，无异常报警
	（4）电源就地控制盘接地连接良好，无凝露现象，各元器件标识清楚、无缺失损坏；变频器面板显示及信号指示灯正常，控制方式在正常位置；柜体冷却风扇运行正常，无异响及异味

表3-7 阀外风冷系统日常巡视项目及要求

设备名称	巡视内容
空冷器	（1）风机和电机无振动、噪声等异常现象，风叶无松动、变形
	（2）百叶窗手动开关功能正常，百叶窗或卷帘门开度正确
	（3）整个管道系统无渗漏、锈蚀现象，各阀门位置及开度正常
	（4）风机隔离网、管束上下无杂物，管束无破损、渗漏现象
外风冷动力柜及电源盘柜	（1）无处于维护状态的测量元件，盘柜照明功能正常，端子接线无脱落，无异常打开端子
	（2）显示屏显示正常无异常报警，各指示灯状态正常，无报警灯亮
	（3）就地控制盘柜的控制方式与参数显示正常；盘面上的相关电压、电流、水位、压力表的指示值正常，无异常报警
	（4）电源就地控制盘接地连接良好，无凝露现象，各元器件标识清楚、无缺失损坏；变频器面板显示及信号指示灯正常，控制方式在正常位置；柜体冷却风扇运行正常，无异响及异味

3.3.2 全面巡视

全面巡视是在例行巡视的基础上，对站内设备开启箱门检查，按照设备运维细则记录设备运行数据并进行分析，检查设备污秽情况，检查防火、防小动物、防误闭锁等有无漏洞，检查接地引下线是否完好，检查换流站设备厂房等方面的详细巡查。需要解除防误闭锁装置才能进行巡视，巡视周期由各运维单位根据换流站运行环境及设备情况在现场运行专用规程中明确，每周至少完成一次全面巡视，全面巡视和例行巡视可一并进行。全面巡视项目与例行巡视一致，但全面巡视要求检查记录阀水冷系统进出水温度、冷却塔出水温度，并确认其都在正常范围内，检查水冷系统各设备运行是否正常。要求在主控室后台监测界面记录水冷却系统的进阀温度、出阀温度、冷却水流量、冷却水电导率、去离子水电导率、主循环泵压差、膨胀罐压力、环境温度、阀厅湿度、负荷等参数并同时在设备现场抄录进行对比检查。

3.3.3 特殊巡视

在下列情况下应对阀冷却设备进行特殊巡视：

（1）大风、雾天、冰雪、冰雹及雷雨后的巡视。

（2）设备变动后的巡视。

（3）设备新投入运行后的巡视。

（4）设备经过检修、改造或长期停运后重新投入运行后的巡视。

（5）异常情况下的巡视。异常情况主要是指过负荷或负荷剧增、超温、设备发热、有接地故障情况等，此时应加强巡视，必要时应派专人巡视。

（6）设备缺陷近期有发展时或有重要供电任务时，应加强巡视。

（7）主循环泵发生切换后，应检查循环泵运行是否正常，有关表计指示是否正常。

（8）法定节假日、重要保电任务及迎峰度夏（冬）期间的巡检按照上级部门的要求执行。

阀冷系统的特殊巡视项目要求主要包含两大类：新投入或经过大修的阀冷却设备的特殊巡视要求以及异常天气时的特殊巡视要求。

（1）新投入或经过大修的阀冷却设备的特殊巡视项目和要求。

1）阀冷却设备声音应正常，如发现响声不均匀或异常声响，应认为相应设备内部有故障。

2）水位变化应正常，如发现水位异常应及时查明原因。

3）各阀门位置应正确，水回路的流量在正常范围内。

4）水温变化应正常，换流阀解锁后，水温应缓慢上升，并稳定在报警值以下。

5）应对新投运阀冷却设备进行红外测温。

（2）异常天气时的特殊巡视项目和要求。

1）气温骤变时，膨胀罐水位是否有明显变化，是否有渗漏现象。

2）雷雨、冰雹后，冷却塔风扇有无异常声响，有无杂物。

3) 室外气温低于 0℃时，检查阀冷却系统流量值、温度值是否正常，判断管道内有无结冰现象。

4) 高温天气检查水温、水位、传感器是否正常。

5) 暴雨时检查排水泵抽水是否正常，喷淋泵是否运行正常。

6) 大风天气后检查冷却塔风扇、风冷风扇进气片处是否吸附漂浮物。

7) 低温天气时，检查户外管道、法兰处是否有结冰现象，各密封处有无渗漏现象。加热器是否正常投运，辅助加热装置是否配备齐全。

8) 高温天气检查风机、动力电源柜、变频器是否存在发热情况，辅助降温装置是否配备齐全并运行正常。

3.4 设备运行维护

3.4.1 运行维护安全

设备运行中的维护安全是维护过程中遵循的第一准则，是保障维护人员和设备安全的红线。在进行设备运行维护之前应注意以下几点：

（1）认真执行"安全第一、预防为主、全员动手、综合治理"的安全生产方针，做到不伤害自己，不伤害他人，不被他人伤害。

（2）在工作地点悬挂"在此工作"标示牌，工作中加强监护，防止误动、误碰无关设备。

（3）明确设备运行维护过程中的每一个操作步骤。

（4）遵守安全用电，没有指令不对断路器进行分合闸。

（5）维护电气时，应对相应电气回路作安全标识。

（6）按照工作票操作屏柜上的断路器、变频器等电气设备。

（7）无确定工作指令时，不允许修改就地人机界面上的任何整定参数。

（8）有目的地操作屏柜上的断路器、变频器等电气设备。

（9）无确定指令时，不要修改后台 OWS 界面上的任何参数。

（10）不要踩踏地面上的任何电缆。

（11）不要随意打开或关闭水冷回路上的任何阀门。

（12）不要在带有压力的情况下维护管道上的设备组件。

（13）工作完毕后清理现场。

3.4.2 泵及电机运行维护

泵及电机的日常检查和保养主要是使设备保持良好的运行状况和延长其寿命。可通过电流表、温度计、振动监测仪等简单仪器进行检测，从启动、运转中去判断电机是否正常。其他诸如容易磨损零件的损耗程度、线圈有无尘埃、油渍积集或劣化等状况，只有停机检查方可得知，如发现异常必须及时更换异常部件，以确保设备使用寿命，防止故障发生。

立式泵的轴承和轴封都是无需维护的。如果泵要排尽水并且长期不再使用的话，应该拆掉泵的一只联轴器保护盖，在泵端部和连接之间的轴上滴几滴硅树脂油。这可以有效防止轴封的黏结。对于泵的电机轴承而言：

（1）没有加油孔的电机都是无需维护的。

（2）有加油孔的电机应该使用耐高温的锂基油进行润滑，请参见风扇盖上的说明。

（3）如果泵是季节性的使用（电机空闲时间超过 6 个月），建议当泵停止工作时给电机加润滑油。

卧式泵及电机维护时必须将泵冷却至室温，释放泵内压力，并排干泵内介质。只有当泵处于停机状态时，才可以对其进行操作，维护步骤如下：

（1）确认被维护的泵已处于备用状态。

（2）将被维护的泵动力断路器、控制断路器、安全开关断开，并在此处悬挂"在此工作、禁止合闸"工作牌。

（3）将被维护的泵进出口阀门关闭。

（4）对被维护的泵进行操作。

（5）维护完毕后将主循环泵进出口阀门打开。

（6）将泵安全开关、动力断路器、控制断路器合闸。

（7）测试被维护的泵，确认其工作是否正常。

（8）收回"在此工作、禁止合闸"工作牌，撤离现场。

卧式泵及电机运行维护项目包括：

（1）在设备检修后或新设备投运前，应对泵及电机加润滑油润滑，并进行泵及电机同心检测及功能切换试验。

（2）设备运行时，应定期对泵进行红外测温，出现异常发热时应切换至备用泵，并通知检修人员处理。

（3）巡检时应重点对泵的油位和渗漏油、漏水及异常振动等情况进行检查。

（4）应定期测量泵电源回路接触器运行温度，停电检修时对接触器触头烧蚀情况进行检查，烧蚀严重时应进行更换。

（5）应定期监测电机电源的三相电流平衡，三相电流相差应小于10%。当泵噪声增大或异常时，应立即手动切换至备用泵，并通知检修人员到现场排除故障。

（6）泵电机冷却风扇积尘过多时应清理干净，防止在风扇上面聚集尘埃，使电机转子产生不平衡及振动。

泵启动前的准备如下：

（1）泵轴承采用稀油润滑，启动前确保蓄油杯内油位正常（油位刻度约 2/3

位置）。

（2）全面检查机械密封，以及附属装置和管线安装是否齐全，是否符合技术要求。

（3）检查机械密封是否有泄漏现象。若泄漏较多，应查清原因并设法消除。如仍无效，则应拆卸检查并重新安装。

（4）调节电机与水泵的同心度，径向及轴向最大跳动 0.2mm，对内最大跳动 0.1mm。

（5）按泵旋转方向手动转动轴，检查旋转是否轻快均匀。如旋转吃力或不动时，则应检查装配尺寸是否错误，安装是否合理，直至故障排查完成。

（6）水泵启动前必须保证泵腔内充满液体，严禁缺水运行，检查系统静压是否满足要求，相关阀门阀位是否正确。

（7）系统加水后初次启动前，应进行排气。

泵首次运转时，需做如下检查：

（1）检查电机转向与指示转向是否相同。

（2）泵启动后若有轻微泄漏现象，应观察一段时间。如连续运行 4h，泄漏量仍不减少，则应停泵检查。

（3）水泵启动后应进行排气。

（4）泵的出口压力应平稳，泵入口应无进气现象。

（5）泵在运转时，应避免发生抽空现象，不然会造成密封面干摩擦及密封破坏。

（6）泵启动后，应检查机械密封运转是否正常，是否有异响等，测量水泵电机电流是否正常，压力、流量是否在泵性能曲线上。

（7）水泵启动后，应避免频繁启/停操作，否则会造成密封件受冲击后摩擦条件恶劣，减少使用寿命。

主泵调试完成正常使用后，应定期检查水泵是否运行正常。停运水泵时，断开水泵安全开关电源。如泵长期处于停运状态（1~2 个月以上），应尽量将泵体内的介质排空。水泵电机冷却风扇积尘过多时应及时清理干净，避免影响电机散热。

泵及电机运行维护的常见项目分为以下几个方面。

（1）泵体轴承应定期检查蓄油杯油量，定期添加。泵体轴承采用矿物油润滑轴承，水泵电机的润滑周期为 2000h。7.5kW 以下电机为免维护轴承，在电机的整个寿命周期内无需再润滑；11kW 以上电机需按电机铭牌上的规定进行润滑；遵照电机厂的润滑说明，定期检查泄脂塞，查看有无渗漏情况。使用矿物油对滚动轴承进行润滑，润滑油更换周期如表 3-8 所示。

表 3-8　　　　　　　　　　　润滑油更换周期

润滑点温度（℃）	第一次换油时的运转时间（h）	全部换油时的运转时间（h）
＜70	300	8500（最少每年一次）
70~80	300	4200（最少每年一次）
80~90	300	2000（最少每年一次）

更换润滑油的具体操作步骤如下：

1）将需要维护的泵切到维护模式，并断开安全开关。

2）在轴承支架下放置一个适当的容器，用来收集用过的润滑油。

3）取下加注塞和排出塞。

4）轴承支架中的油排空后，塞上排出塞。

5）取下恒液位注油器，通过注油孔注入机油，直至油面达到连接弯头中的液位，如图 3-1 所示。

6）向恒液位注油器的蓄油杯中加注机油，然后将其装回操作位置，之后机油将被注入轴承支架中。在此过程中，可在蓄油杯中看到气泡。继续本步骤直到油位达到如图 3-2 所示位置（油位刻度约 2/3 位置）。

7）当蓄油箱中的气泡完全消失后，重新加注蓄油箱，然后将其装回操作位置。

8）装上加注塞。

9）投入泵运行观察轴承连接处是否渗漏油并清理现场。

图 3-1　主泵油杯连接弯头液位　　　　　图 3-2　主泵油杯刻度液位

（2）机械密封及主泵漏水检测装置维护。机械密封的工作原理为：利用水泵轴高速旋转在密封面之间形成一层高压水膜密封，迫使密封面间彼此分离不存在硬性接触，依赖辅助密封的配合与另一端保持贴合，并相对滑动，从而防止流体泄漏。

正常使用维护时，机械密封的运行好坏直接影响水泵能否正常运行，其渗漏的比例占全部维修泵的 50% 以上，因此机械密封的正常使用维持是必不可少的工作之一。机械密封属于易损件，在正确使用、合理维护的情况下，使用介质为纯水时，其使用寿命一般不小于 1 年，可根据实际使用情况对机械密封进行更换。密封流体为液体的情况下，稳定运转时的平均泄漏量应符合表 3-9 的规定，如果泄漏量超过表 3-9 所规定的数量时，应及时检查或维修。

表 3-9 　　　　　　　　　　　　　　　机械密封泄漏量

轴（或轴套）外径/mm	泄漏量/(mL·h^{-1})
>50	≤5
≤50	≤3

机械密封的日常维护检查内容为：密封环的密封端面不应有裂纹、划伤等缺陷；弹簧表面不得有裂纹、折叠和毛刺等缺陷；支撑圈磨平的弹簧，磨平部分不少于圆的 3/4，端头厚度不小于丝径的 1/3，将弹簧竖放在平板上应无晃动；密封圈不得有杂质，表面应光滑、平整。

机械密封故障原因大多为以下几个方面，日常维护应着重观察。

1) 机械密封本身的问题：安装不到位或不平整，端面比压设计不合理，密封面不平，密封面过宽或过窄，材质选用不当。

2) 介质问题：系统内部存在微小颗粒，导致密封面失效而漏水；水泵进水未有效排气，有气体进入，破坏机械密封形成的水膜，导致漏水；介质腐蚀性太强；设备缺水、抽空；介质黏度太大。

3) 水泵问题：轴的加工精度不佳、安装间隙过大导致泵运行后振动较大。

4) 辅助性系统问题：冷却管故障，导到机械密封温度升高而磨损。

每台主循环泵下方设置有漏水检测装置，当主循环泵机械密封出现漏水时，会流入检测装置内，达到一定量时会发出报警信号，提示操作人员进行检修。当出现机械密封漏水报警时，应就地查看情况，若属实可手动切换至备用泵运行，若漏水量较大，必须切断该泵电源及前后阀门，由运行泵长期（备用泵）运行，通知厂家进行维修。单台主循环水泵可在线检修。

3.4.3　过滤器运行维护

主回路过滤器有 2 个，互为备用，可在线维护。在日常巡检过程中，如发现正在运行的主过滤器压差大于正常运行值（具体以现场定值单为准），则要对其进行清洗和维护。维护前应切换至备用过滤器运行。具体操作步骤如下：

(1) 屏蔽阀冷系统泄漏保护及渗漏保护。

(2) 记录主过滤器进出水口蝶阀的正常工作阀位，并先后关闭主过滤器进出水口蝶阀。

（3）首先打开主过滤的排气阀，然后打开该封闭管段内的排水阀并外接排水软管，排完管路及主过滤器内的冷却介质，排空后应无介质流出。

（4）拆开过滤器端部检修端盖，抽出过滤器滤芯。

图 3 - 3　过滤器滤芯冲洗

（5）取出过滤器内的滤芯，清理并检查滤芯上的异物，可通过 0.5MPa 的高压水枪对滤芯由内至外冲洗，如图 3 - 3 所示，边冲洗边用软毛刷子刷至干净（无肉眼可见异物）为止；如果滤芯污垢严重或破损，无法清理干净，则需更换备用滤芯。

（6）清洗完毕后，用纯净水漂洗 1～2 遍，并将安装滤芯的管道内部冲洗干净，然后按相反方向安装过滤器滤芯及拆除的端盖，再将滤芯装回管道过滤器中并拧紧，注意法兰和滤芯密封面间的密封垫，紧固螺栓，保证各连接处严密无渗漏。

（7）关闭排水阀门，保持排气阀开启，同时缓慢打开过滤器进水阀门约 15°，直至排气阀门有水溢出。

（8）恢复进出水口蝶阀至初始工作阀位，并将排气阀关闭。

（9）待系统稳定运行 30min 后，通过操作面板解除阀冷系统的泄漏及渗漏屏蔽保护。

如果阀冷系统停机检修维护，可省略步骤（1）和步骤（8）。

过滤器故障原因大多为以下几个方面，日常维护应着重观察。

（1）过滤器堵塞问题：日常巡检时若发现过滤器压差表数值高于运行定值，则可能发生了过滤器堵塞，需要及时在线清洗维护。

（2）过滤器漏水问题：日常巡检时若发现过滤器连接螺栓处存在漏水现象，则可能是由于螺栓松动早而造成了密封不严。此时应检查紧固螺栓，若问题无法排除，则可能是密封垫片损坏，需及时更换密封垫片。

（3）过滤器异响问题：日常巡检时若发现过滤器存在异响，则可能是机械部件连接松动或配合不当导致，若排查无问题，则可能是内冷水存在异物而造成了过滤器堵塞。

3.4.4　离子交换器运行维护

离子交换器的树脂采用的是免维护型，在使用寿命内无需对树脂进行维护。具体使用寿命取决于补给的原水水质，若水质电导率过高会大大缩短树脂的寿命，建议补充电导率≤5μs/cm 的水。离子交换器运行一段时间后，当监测到离子交换器出水电导率超过 0.3μs/cm（20℃时）时，即认为离子交换器需要更换树脂。具体操作步骤如下：

（1）准备树脂，先关闭离子交换器顶端进口阀门，再关闭离子交换器底端阀门。

（2）开启树脂排放阀。

（3）拆开离子交换器顶部的法兰连接管路，拆卸下顶部法兰封头。

（4）在离子交换器内倒入纯净水，使树脂能更快地排出离子交换器，直至排空为止。

（5）冲洗干净后，在离子交换器内留约占罐体 1/10 的纯净水。

（6）关闭树脂排放阀。

（7）再缓慢倒入树脂至距离顶盖 300mm，恢复并安装好法兰封头和管道法兰等，注意螺栓的紧固，保证法兰密封处严密无渗漏。

（8）完全开启离子交换器底端阀门，缓慢开启顶端进口阀门，此过程注意排气。

警告：接触树脂要小心，眼睛或皮肤接触到树脂可能导致过敏，应穿戴橡胶手套及安全眼镜。更换树脂前后应记录好树脂装填数据（型号、数量及高度）。维护过程中应尽可能回收冷却介质并保持其洁净，便于重复利用。

3.4.5 仪表和传感器运行维护

阀冷却系统中的仪表和传感器主要有流量传感器、温度传感器、压力传感器、差压表、电接点压力表、压力表、液位传感器、液位开关、电导率仪等几种。阀冷却系统中所用的所有仪表和传感器（除流量传感器本体外）均可在线维护。专业技术人员在检查和维护前，一定要充分熟悉阀冷系统电气、控制回路。

仪表和传感器运行维护项目及注意事项包括：

（1）设备检修维护时，电导率传感器应注意清洗；压力传感器零位置调整检查及功能检查；流量传感器及温度传感器功能检查。

（2）变送器零部件应完整无缺，无严重锈垢、损坏，紧固件无松动，接插件接触良好，端子接线牢固。

（3）应定期对传感器与水回路之间的接口进行清洗。

（4）新装传感器应请有资格的计量单位对仪表和传感器进行校验，校验后应认真填写校验记录和校验合格证。正常运行过程中，如果发现变送器不正常或有其他可疑迹象，应立即检验校正。应定期开展传感器仪表比对分析，并对异常表计及时更换。

仪表和传感器（模拟信号）维护的通用步骤如下：

（1）单击触摸屏上的"用户登录"，输入用户名及密码。

（2）单击触摸屏上的"系统维护"—"仪表维护"，单击需维护仪表右侧的"维护"按钮，使对应的状态由"投入"变为"维护"。

（3）查看"电气设备现场施工图"，断开仪表接入位置处的刀闸端子或拆除电缆接线。

（4）测量控制柜上的仪表电缆"＋""－"对地电压，确认电压小于1V。

（5）拆除仪表接线端盖，测量仪表输出"＋""－"接线端子对地电压，确认电压小于1V。

（6）关闭仪表上相关的阀门。

（7）更换或校准仪表。电导率、流量、液位等仪表带有参数设置，在更换前，请确认替换仪表的相关参数是否已设置好。

（8）恢复仪表接线。

（9）用万用表电阻挡测量仪表电缆"＋""－"之间的电阻，应大于10Ω以上（非直通）。

（10）合上仪表电缆"＋"对应的控制柜刀闸端子。

（11）用万用表mA档测量"－"端的刀闸端子两侧，测得电流应在4～20mA范围内。

（12）合上仪表电缆"－"对应的控制柜刀闸端子。

（13）单击触摸屏上的"用户登录"，输入用户名及密码。

（14）单击触摸屏上的"系统维护"—"仪表维护"，单击需维护仪表右侧的"投入"按钮，使仪表对应的状态变为"投入"。

（15）单击触摸屏上的"参数查看"—"分参查看"或"总参查看"，观察到的值应在合理范围内，带指示仪表的现场仪表显示值和触摸屏上的显示值应一致。

（16）观察触摸屏，应无实时报警。

（17）维护工作结束，做维护记录。

3.4.6　阀门运行维护

阀门是流体输送系统中的控制部件，具有截止、调节、导流、防止逆流、稳压、分流或溢流泄压等功能。阀冷系统用于流体控制的阀门主要有手动阀门、电动阀门及气动阀门三种，运行维护项目包括：

（1）应定期对阀冷系统中的手动阀门、电动阀门、气动阀门进行功能试验，确保正确动作。

（2）检查各阀门法兰及接口处螺丝是否紧固，应无渗漏现象。

（3）检查泄流阀是否有渗漏滴水现象，如有问题应及时处理。

（4）应加强阀冷系统各类阀门管理，装设位置指示装置和阀门闭锁装置，防止人为误动阀门或者阀门在运行中受振动而发生变位。

（5）阀门必须根据实际需要，处在关闭和开启位置，且确认阀门外观指示、远方位置信号与实际状态是否一致，发现问题应及时处理。

（6）必要时，应结合定期检修开展止回阀拆卸检查，避免因止回阀轴销和弹簧故障而导致系统运行异常。

（7）检查自动排气阀是否有排水量大、振动、管道折断、渗水等异常现象，如有问题应及时处理。

阀冷系统中常见的阀门有蝶阀、电动开关阀、电动调节阀、止回阀等，其维护步骤如下。

1. 蝶阀

蝶阀因长期经常开闭，其联轴处的密封会出现老化渗漏现象，因此在每月巡检中应对每个蝶阀转动轴处进行仔细的检查，如有阀门出现渗漏，应对其进行更换。注意：蝶阀的更换应在系统停运时进行。

（1）排空需要检修蝶阀管段内的冷却介质。

（2）关闭蝶阀。

（3）对角线松开蝶阀法兰螺栓并取出。

（4）向外移动管道，松开蝶阀法兰密封环，水平或垂直取出蝶阀。

（5）更换并安装新蝶阀，调节蝶阀中心轴线与管中心轴线一致。

（6）对角线紧固好蝶阀法兰螺栓，保证密封处无渗漏。

（7）恢复蝶阀正常运行时初始阀位。

2. 电动开关阀、电动调节阀

主回路电动阀阀体为蝶阀，因长期经常开闭，其联轴处的密封会出现老化渗漏现象，因此在每月巡检中应对每个蝶阀转动轴处进行仔细的检查，如有阀门出现渗漏，应对其进行更换。维护内容如下：

（1）每月巡检电动开关阀、调节阀的输出量对应实际动作的偏差情况，并记录。

（2）每年停机检修时，手动进行开关、比例阀的动作控制，核对运转情况。

电动调节阀需要对其常规控制动作状态进行校验；电动调节阀阀位设定信号断线时，能保持当前阀位；电动阀开启状态与设定状态一致。如不能实现以上控制功能，则需检查控制线、电源线等电气连接是否正常。更换阀体需要在执行器断电的情况下进行，首先拆掉执行器，接下来的维护步骤与蝶阀的维护步骤相同。

3. 止回阀

止回阀是启闭件为圆形阀瓣并靠自身重量及介质压力产生动作来阻断介质倒流的一种阀门，其阀瓣上的弹簧因长期受力，容易断裂损坏，现场运行过程中主泵出口止回阀需重点关注。维护时应确保止回阀进出口的手动阀门已关闭并按以下步骤进行：

（1）对角拆下对夹式止回阀的螺栓。

（2）检查止回阀的密封圈是否完好，若密封圈损坏，则需更换止回阀密封圈。

（3）检查止回阀内部，看弹簧是否完好，若有故障，需更换止回阀弹簧。

（4）更换止回阀的密封圈，原样恢复到管路，注意箭头方向与水流方向一致。

（5）对角紧固止回阀法兰螺栓螺母。

3.4.7 空气冷却器运行维护

空气冷却器日常巡检和保养可以保证设备无故障运行，保养间隔依照安装地点和运行条件来确定。保养检查期间，要特别注意检查设备散热芯体和风机电机上是否有污物、白霜或结冰、泄漏、腐蚀和振动的情况发生。尤其在寒冷冬季空气冷却器长时间停止使用时，必须将内部的冷却介质排空，以免其结冻而损坏换热盘管或者芯体。运行维护项目包括：

（1）每日进行外观巡视检查，更换腐蚀严重的法兰的连接螺栓及丝堵、法兰垫片。

（2）每日检查管束法兰各密封面是否有泄漏现象。若发现泄漏，可将连接螺栓适当拧紧，若仍无效，应停机更换垫圈。

（3）定期清除翅片上的尘垢以减少空气阻力，保持冷却能力。清除方法用水枪（压力范围为 2～3bar，1bar＝100kPa）冲刷，距离设备 200～300mm，用天然中性清洗剂（如必需），只能按气流方向反向清洗，喷头尽可能垂直于翅片组（最大角度±5°），以防止翅片弯曲，尽可能从中间开始向四周、从上至下清

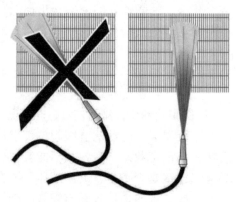

图 3-4 空气冷却器底部清洗示意图

洗，如图 3-4 所示。清洗必须持续进行，直到所有污物被除掉。

（4）全面检查各零、部件的紧固状态，一年一次。

（5）风筒与叶片尖端的径向间隙检查，一年一次。

（6）叶片沿风机轴向跳动应每年检查、调整一次。

（7）清除风机叶片表面灰尘，检查叶片是否变形、有裂纹、磨损、松动，半年一次。

（8）检查风机电机的三相电压和电流，一年一次，电流不能超过铭牌上的数值。

（9）每次巡检时，注意检查空气冷却器中有无任何不正常的噪声与振动。

（10）若冬天负荷较低，风机长期不运行，风扇及其防护罩的冰、雪、霜应定期清除，否则会导致风扇运行不平衡，甚全使电机受到损坏或风扇无法全速运行。

（11）应定期开展红外测温，检测重点为电机、电机转轴。

3.4.8　闭式冷却塔运行维护

闭式冷却塔日常运行维护应依照安装地点和运行条件来确定。保养检查期间，要特别注意检查设备喷嘴和风机电机上是否有污物、白霜或结冰、泄漏、腐蚀和振动的情况发生。尤其在寒冷冬季冷却塔长时间停止使用时，必须将内部的冷却介质排空，以免其结冻而损坏冷却管道。运行维护项目包括：

（1）应定期检查冷却塔风机皮带松紧度，定期添加风机及电机轴承润滑脂。

（2）应定期检查冷却塔进风口、回水滤网是否清洁，如有异物应及时进行清理。

（3）要经常检查集水盘，清除积聚在盘中或过滤器中的杂质，保证集水盘的下水管道畅通。

（4）每季度或在必要时排干整个集水盘，用清水冲洗掉运行期间积聚到集水盘中和填料表面的淤泥和沉淀物，如有必要可频繁进行清洗。如果不定期清理，这些沉淀物有腐蚀性，会导致保护层破坏。

（5）检查风扇轴衬套、风扇轮毂和风扇轴承上的螺栓是否出现松动或脱落。

（6）检查叶片是否松动以及每个叶片中是否水垢积聚过多，每个叶片的叶柄部位是否存在破裂的迹象。检查叶片的角度以及叶片的旋转方向，运行时检查是否存在不正常的噪声或振动。

（7）应按月检查皮带的状况，如有必要应重调皮带的松紧度且必须至少每三个月调校一次。皮带使用寿命至少 3 年，当达到使用寿命时应关注皮带的运行情况或者直接更换皮带。

（8）每季度检查并清洗带有挡水板的填料层，检查填料是否存在障碍物、损坏及腐蚀。

（9）每月检查并清洗喷嘴及传热部件，查看喷嘴喷水是否正常，清洗堵塞的喷嘴，如有必要，将喷嘴和密封圈拿下来进行清洗。

（10）冬季阀组产生热负荷运行时，冷却塔不需要投入运行，此时需将冷却塔集水箱内的水排净，防止结冻。

3.4.9　水处理系统运行维护

水处理系统包括预处理装置（预处理装置包含石英砂过滤器、活性炭过滤器）、反渗透装置、化学清洗装置、自循环过滤器、排污装置。良好的日常维护是设备保持良好运行状况和延长寿命的重要手段。运行维护项目包括：

（1）定期对水处理系统中的手动阀门、电动阀门、气动阀门和空压机进行功能试验，确保正确动作。

（2）加强水处理系统各类阀门管理，装设位置指示装置和阀门闭锁装置，防止人为误动阀门或者阀门在运行中因受振动而发生变位。

（3）平衡水池内的水位传感器和水位开关需定期进行功能检查，确保其正确性。

（4）平衡水池定期清洗，清洗时可同时进行平衡水池排污泵的功能检查试验。

（5）定期对平衡水池水质进行化验分析，确保其满足使用规定。

（6）外冷水加药系统中的加药泵、搅拌泵及加药泵流量计需定期检查，确保其功能正常。

（7）加药系统的化学药剂应定期补充，确保充足。

（8）定期对加药系统的就地操作箱内接线及回路进行检查。

（9）加药系统的化学药剂应定期补充，药剂应合格、充足。

（10）定期检查和清洗保安过滤器，检查和清洗外冷水反渗透膜。

（11）日常巡视记录每一段反渗透膜压力容器间的压差，随着元件内进水通道被堵塞，压差会增加。

（12）如果系统停机时间大于 5 天，每天需让反渗透系统运行 30min，否则细菌会繁殖生长。

（13）每隔一个月，打开砂滤器和炭滤器的上端盖，检查滤层表面，应该是平整清爽的，不应该有沟槽。如果很难分辨而沟槽确实存在，应排空过滤器内积水，使用一根柔性管，用高压水来混合滤料使之易碎。

（14）由于砂滤、炭滤系统在反洗过程中，破碎颗粒会随反洗水流冲出过滤器，因此每年应按 10%～20% 或实际减少量进行补充。

3.4.10 二次屏柜运行维护

目前阀冷系统大多是依靠 PLC 控制的自动系统，PLC 开关量输出模块的指示灯亮表示对应该点的开关量输出有效。PLC 开关量输入模块的指示灯亮表示对应该点的输入有效闭合。主循环泵、喷淋泵等电机设备过载时，相应断路器会跳断或对应热继电器脱扣，同时操作面板会有相应报警显示。运行维护项目包括：

（1）运行过程中可通过菜单查看控制保护系统状态信息，人机界面应无实时报警信息，控制柜面板指示灯状态应与设备运行状态一致。

（2）正常运行时，所有断路器均处于合闸状态，所有的安全开关均处于合闸状态，后台及监控界面上运行状态"RUN"指示灯（绿色）应为常亮状态。

（3）检查交流接触器内有无放电声，分、合信号指示是否与电路状态相符，观察软启动器、变频器、就地仪表及装置是否有异常报警。

（4）应定期检查柜顶散热风扇、机柜通风格栅的工作情况，防止风扇、通风格栅滤芯因积灰封堵，封堵会使控制柜的散热通风量减小，从而致使柜内温度升高，影响柜内电气元件使用寿命。

（5）应定期使用红外测温设备对主循环泵动力柜、交流电源柜的交流断路器、接触器、动力电缆线路，控制单元柜的直流断路器及母线的搭接端头等设备进行温度测量，并与历史数据进行比较，可以预防电气元件因局部温升过高而造成回路故障。

（6）主水泵过载时，应及时检查过载原因，检查主回路接线是否有松动，主循环泵电机有无异常高温现象，电源电压是否故障，相对地绝缘是否异常。

（7）当报警或跳闸信号出现时，会在控制保护系统上显示当前存在的所有故障报警信息，同时控制保护系统上相应指示灯会点亮。

（8）应定期进行控制保护盘柜保护逻辑功能校验及接线端子紧固检查和清灰工作。

（9）应定期检查阀冷控制保护系统时钟同步对时是否正常，采用 PLC 技术阀冷控制保护的换流站应定期更换 CPU 板卡后备电池。

3.5　缺陷管理

3.5.1　缺陷分类及定性

缺陷及异常的管理和处理应严格执行国网公司颁布的《变电站运行管理规范》《全国互联电网调度管理规程（试行)》及相应直流输电系统调度运行细则的有关规定。缺陷分为危急缺陷、严重缺陷和一般缺陷。

1. 危急缺陷

换流阀冷却系统设备发生下列故障应定为危急缺陷并申请停电处理：

（1）主循环泵有异常响声，内部有爆裂声，备用泵在检修状态，且在规定时间内无法修复的。

（2）内冷水管道破裂大量跑水，液位下降明显。

（3）控制保护盘柜冒烟着火，系统无法自动补水，且平衡水池水位低于正常运行要求。

（4）就地电源盘柜冒烟着火，主循环泵电源丢失。

（5）主泵故障切换后，主水流量低且进水压力低。

2. 严重缺陷

换流阀冷却系统设备发生下列故障应定为严重缺陷：

（1）水温升高明显且接近报警值。

（2）就地电源盘柜内主泵动力回路严重发热或故障。

（3）主泵运行工况异常（电机电流三相不平衡、主泵温度异常、机封严重漏水或油封严重漏油）。

（4）多个冷却塔风扇或喷淋泵停运。

（5）单套阀内冷水控制系统或主泵无冗余运行。

（6）涉及跳闸的传感器故障。

3. 一般缺陷

指上述危急、严重缺陷以外的设备缺陷，其性质一般，情况较轻，对安全运行影响不大。

3.5.2 缺陷处理

缺陷处理程序包括：

（1）值班人员在换流阀冷却系统运行中发现任何不正常现象时，按规定程序上报并做好相应记录。

（2）值班人员发现设备存在威胁电网安全运行且不停电难以消除的缺陷时，应向值班调度员汇报，及时申请停电处理，并按规定程序上报。

（3）当发生危及换流阀冷却系统设备安全的故障，而换流阀冷却系统设备的有关保护装置没有动作时，应立即手动将换流阀冷却系统设备停运。

1. 阀内冷水故障处理

（1）内冷水温度高处理。处理步骤包括：

1）检查冷却塔运行情况是否正常。

2）检查喷淋泵运行情况是否正常。

3）在软件中检查两套保护系统测得的换流阀进出水温度及冷却塔出水温度是否相同，若差异较大，则将测量数据异常的保护系统退出运行，并联系检修处理。

4）若测量值接近，应监测温度，并根据现场情况采取辅助降温措施。当水温升高明显且接近报警值时，可利用阀水冷保护定值与有无冗余冷却能力的关系，将冷却塔切至"手动"状态，使阀水冷控制保护系统收到"失去冗余冷却能力"信号，以提高保护动作定值门槛；在恢复时同样需要注意这一点，避免引起保护误动。

5）若温度继续上升，必要时申请调度降低直流负荷。降功率时采用阶梯式，并时刻关注内水冷温度的变化以及另一极是否过负荷。

（2）内冷水泄漏处理。处理步骤包括：

1）检查内冷水膨胀水箱水位是否在正常范围内，若水位正常且无下降趋势，查找报警原因。

2）若水位在正常范围内，但缓慢下降，派人查找漏点，重点检查主循环泵、内水冷管道、内水冷室、阀厅、冷却塔等位置，并做好内冷水补水的准备工作。

3）若发现漏点且能有效封堵的，应立即进行封堵；若无法封堵但能够隔离的，应对漏水部分进行隔离；若不能隔离，立即申请调度停电处理。

4）以上部位都未检查到漏水，而且冷却塔有备用冗余，可以先关闭一组冷却塔内冷水进出水阀门，然后检查膨胀罐水位是否下降，以此来排查冷却塔内部是否漏水。注意在恢复冷却塔运行时，应退出微分泄漏保护。处理过程中，必要时可停用微分泄漏保护，在处理完毕后投入，并复归 24 小时泄漏报警。

5）若水位迅速下降，立即申请调度停电处理。

（3）换流阀泄漏保护动作处理。处理步骤包括：

1）用摄像头检查阀厅地面是否有水。

2）若阀漏水检测器信号能复归且地面无水，则加强对该极内冷水系统运行情况的监视。

3）若阀漏水检测器信号不能复归且地面无水，应使用阀厅摄像头对漏水报警阀塔逐层进行检查，重点检查水管接头有无漏水、阀塔层间连接金具有无水渍，若发现异常立即汇报调度，并申请停电处理，若未发现异常则应加强监视。

4）若漏水检测器信号不能复归且阀厅地面有水，则立即汇报调度并申请停电处理。

（4）内冷水主循环泵故障处理。处理步骤包括：

1）如果阀内水冷系统主循环泵故障，备用泵具备投入条件，立即将故障泵退出运行，并联系检修人员进行处理，隔离检查期间禁止进行相关站用电切换操作。

2）检查备用泵投入运行是否正常，若正常则加强对运行泵的监视。

3）如果阀内水冷系统主泵退出运行，备用泵投运后运行不正常，此时应立即对主泵进行切换，将已投运的备用泵退出运行，并联系检修人对故障泵进行处理，检查主泵投运是否正常，若正常则加强对运行泵的监视。

4）如果主泵因故障退出运行，备用泵投入后运行不正常，现场检查备用泵是否影响直流系统运行，如果暂不影响直流系统运行，则尽快修复故障的主泵，并对已投运的备用泵加强监视，一旦影响直流系统运行，立即申请调度停运对应的换流器，对故障的两台主泵进行处理。

（5）水冷系统电源柜开关（接触器或变频器）发热（故障）处理。处理步骤包括：

1）检查电源柜门散热器运行情况，必要时打开柜门，用风扇辅助散热。

2）如果发热严重，切换至备用电源或设备运行，断开发热严重的电源柜电源开关并尽快处理。

3）检查切换至备用电源运行是否正常，断开故障回路电源柜上级开关并尽快处理。

（6）内冷水电导率高故障。处理步骤包括：

1）现场检查阀内水冷电导率表计的指示是否正常，表计读数是否一致。

2）如果表计读数偏差较大，则可能是表计故障，做好隔离措施及时检查处理。

3）如果表计读数基本一致，则检查水质电导率，如果刚做过补水工作，检查所使用补充水的电导率。

4）若内水冷电导率正常，则检查电导率测量装置的报警值整定；若电导率确实偏高，则进一步检查去离子回路流量是否正常，同时还应检测去离子树脂活性，必要时切换去离子罐或更换树脂。

（7）阀内水冷主回路流量低报警。处理步骤包括：

1）检查管道流量和进阀压力有无异常并横向比对，若判断为表计故障，则在内水冷控制面板上将故障表计退出，及时更换。

2）检查主循环泵运行情况，泵转动中有无刺耳的杂音或压力变化（判断泵腔中有无空气），若发现异常应切换主循环泵。

3）检查阀门位置是否正常，若阀门位置异常，则恢复阀门至正常位置。

4）检查备用泵尾扇判断备用泵是否反转，若反转则是备用泵出口止回阀异常，应及时隔离故障设备。

5）检查水冷管道有无渗漏，若发现渗漏点，按照"内冷水泄漏"进行处理。

（8）阀内水冷去离子回路低流量报警。处理步骤包括：

1）现场检查去离子回路阀门的位置。

2）检查精密过滤器有无堵塞。

3）检查离子交换器有无堵塞。

4）检查流量计的报警整定值及接点。

5）根据启动说明调节流量。

（9）膨胀罐/高位水箱液位低。处理步骤包括：

1）检查液位计液位读数，并检查现场实际液位是否正常。

2）若现场液位低，则检查补水泵是否启动；若未启动，则检查补水罐是否有水；若补水罐液位正常，则手动启动内冷水补水泵，将内冷水膨胀罐/高位水箱液位补至正常范围，并加强监视。

3）观察膨胀罐/高位水箱液位是否继续下降，并检查内冷水回路有无泄漏情况。

4）若检查未发现明显泄漏，则继续观察膨胀罐/高位水箱液位是否持续下降，必要时申请停运检查。

5）若存在漏水情况则按照"内冷水泄漏"进行处理。

（10）膨胀罐氮气压力低报警。处理步骤包括：

1）检查压力调节器设置是否正确。

2）检查压力释放阀设置是否正确。

3）检查氮气瓶压力是否正常。

4）检查补气排气设定值是否正常。

5）检查氮气回路阀门状态，常开阀门需全开。

6）检查氮气回路有无泄漏。

7）若膨胀罐/高位水箱压力变送器指示值确已达到报警值，则切换至备用氮气瓶，并及时更换氮气瓶。

（11）主循环泵振动剧烈。处理步骤包括：

1）检查管道中是否有气体。

2）检查泵及电机固定螺栓是否紧固。

3）加强对该主循环泵的监视，必要时检查备用主循环泵是否正常，并手动切换至备用主循环泵运行，隔离故障泵并及时检查处理。

（12）阀内冷水传感器故障。处理步骤包括：

1）在水冷控制面板上检查各传感器读数是否相近，若发现报警传感器测量值异常，应做好隔离措施及时检查处理。

2）若检查未发现异常，则做好隔离措施并及时检查二次回路。

（13）单套阀冷控制保护系统故障。处理步骤包括：

1）单套控制保护系统退出时应尽快处理，尽量减少单系统运行时间。

2）检查确认内冷水系统运行是否正常，且冗余控制保护系统运行是否正常。

3）检查事件记录查看退出原因，现场检查系统状态。

4）若异常原因不明或检查确认为硬件故障，则联系专业人员进一步检查处理。

5）处理时应在相应出口压板（若有）退出的状况下进行，并确保另一系统运行正常。

6）分析评估无风险后，可进行一次重启。若重启不成功，则通知专业人员处理。

2. 阀外冷水故障处理

（1）外冷水不能自动补水处理。处理步骤包括：

1）现场检查外冷水系统设备、工业泵及工业水池水位是否正常。

2）若外冷水控制单元故障，则启动工业泵并旁通水处理系统对平衡水池进行补水。

3）若为外冷水处理设备故障，则视情况切换至备用设备，恢复外冷水补水，若不能恢复，应转至检修状态处理。

4）若相应阀组工业泵故障，则切换至备用工业泵运行；若工业泵全部故障，则用消防栓对平衡水池进行紧急补水。

5）加强平衡水池水位监视。

（2）外冷水系统喷淋泵故障处理。处理步骤包括：

1）若现场故障喷淋泵已停运，则备用喷淋泵投入运行。

2) 检查外水冷系统运行情况，查看备用喷淋泵投运情况。

3) 检查故障喷淋泵的电源回路，若有开关跳闸，可对跳开的喷淋泵电源小开关进行一次试合，若试合成功，则密切监视喷淋泵运行情况。

4) 若试合不成功，则断开该泵电源开关及安全开关，做好安防措施，转至检修状态处理。在故障泵恢复正常前，派人驻守现场，确保运行泵正常运行。

5) 若喷淋泵故障引起两台冷却塔不可用，则汇报调度，视现场情况采取辅助降温措施，密切监视内冷水的进出水温度变化。

6) 若温度异常升高，则申请降低直流负荷。

（3）外冷水冷却塔风扇故障处理。处理步骤包括：

1) 现场检查冷却塔风扇变频器是否故障、电源小开关是否跳闸或冷却塔风扇是否卡涩等。

2) 检查外水冷系统运行情况，确认其他冷却塔是否运行正常。

3) 检查故障冷却塔风扇有无卡涩，若有明显的刮擦现象，则将该冷却塔转至检修处理。

4) 若外观检查无异常，则对风扇电源回路进行检查。若风扇电源开关跳闸，可对跳开的冷却塔风扇小开关进行一次试合。若试合成功，密切监视风扇运行情况；若试合不成功，则应在低负荷时断开该组风扇的电源开关及对应喷淋泵的电源开关，转至检修状态处理；同时应加强水冷系统温度监视，若内冷水温度异常升高，则立即使该喷淋泵恢复运行。

5) 若冷却塔风扇电源回路正常，则断开冷却塔风扇电源总开关对变频器进行复位，恢复电源后检查冷却塔运行情况。

6) 在处理该冷却塔风扇故障时，应尽快将检修冷却塔投入运行，视现场情况采取辅助降温措施，必要时申请调度降低直流功率。

（4）外冷水冷却塔风机全停。处理步骤包括：

1) 检查控制系统运行情况，检查风机控制是否正常。

2) 检查故障冷却塔风扇运行情况，检查风机电源是否正常，若相关电源开关跳闸，应立即试合，使冷却塔风机恢复运行，必要时强投冷却塔风机。

3) 如果冷却塔风机不能短时恢复，密切监视内冷水进阀温度，关闭故障冷却塔进出水阀门，关闭进出水阀门时应该检查内冷水进阀流量。必要时，经领导批准申请调度降低相应阀组直流功率。

4) 如果内冷水进阀温度持续上升，接近跳闸温度，则申请调度批准停运相应阀组。

（5）阀外水冷房积水。处理步骤包括：

1) 现场检查外水冷房积水及渗漏情况。

2) 检查排污泵排水情况，必要时启动临时备用排污泵排水。

3）检查喷淋泵漏水情况，如果发现漏水则切换至备用喷淋泵，将故障喷淋泵隔离并及时检查处理。

4）检查管道渗漏情况，如果发现管道渗漏应进行隔离，必要时停用相应冷却塔。

5）如果是建筑物及沟道渗漏，或漏点无法隔离，则组织人员进行堵漏。

6）如果积水持续上升且无法控制，必要时经领导批准申请调度停运相应阀组。

（6）喷淋水池、盐池水位低报警。处理步骤包括：

1）查看现场喷淋水池、盐池水位是否在正常位置。

2）检查水位传感器、开关整定是否正常。

3）检查喷淋水池、盐池是否开始补水。

4）如果系统未自动补水，则手动打开电动阀补水。

5）待水位上升至正常位置，报警复归。

（7）反渗透单元压差高。处理步骤包括：

1）现场检查反渗透单元压力是否正常，检查传感器是否故障。

2）如果是压力传感器故障，则做好隔离措施及时更换压力传感器。

3）如果确认是反渗透单元压差高，则启动反洗程序对反渗透膜进行清洗。

4）旁通反渗透单元，对喷淋水池进行补水，并安排专人密切监视喷淋水池水位。

3. 阀外风冷故障处理

（1）外风冷系统风机故障或变频器故障处理。处理步骤包括：

1）检查阀外风冷系统运行情况，确认其他风机运行是否正常，监视内冷水水温是否持续上升。

2）检查故障风机是否故障停运，若仍在正常运行，则对相关二次回路进行检查；检查故障风机风扇有无卡涩、风扇有无脱落，若有明显的刮擦或脱落现象，则将该风机隔离。

3）如果外观检查无异常，则对风扇电源回路进行检查。若风扇电源开关跳闸，可对跳开的冷却器风扇小开关进行一次试合，若试合成功，则密切监视风扇运行情况，若试合不成功，则应立即断开该组风扇的电源开关，做好隔离措施及时检查处理。

4）如果风扇电源回路正常，则断开风扇电源总开关，检查该故障风机变频器，记录下变频器上的故障代码。复归并重启变频器，若成功，密切监视风扇运行情况；若不成功，则应断开该风扇电源总开关，做好隔离措施；同时应加强水冷系统温度监视，并通知检修处理。

（2）阀空气冷却器控制柜直流电源丢失故障处理。处理步骤包括：

1）现场检查空气冷却器控制屏的直流电源开关是否正常。

2）现场检查无异常后，试合一次直流电源开关。

3）若试合不成功，通知检修处理。

（3）阀外风冷交流电源丢失。处理步骤包括：

1）检查阀外风冷系统运行情况，监视内冷水水温是否持续上升，若持续上升，采取必要的降温措施。

2）检查监视界面上的报警信号。

3）检查阀外风冷系统电源情况，若相关电源开关跳闸应立即试合，恢复风机运行，必要时强投风机。

4）当交流电源监控继电器存在异响、过热及焦糊味时，应做好隔离措施及时检查处理。

第 4 章

水冷系统检修技术

本章结合某柔性直流电网工程 S3 换流站阀冷系统的故障处理与检修经验，从检修的规定与分类、常规检修、特殊性检修、检测试验和典型故障分析几个方面介绍水冷系统检修的相关内容。

4.1   检修的规定与分类

4.1.1   检修的一般规定

（1）检查周期取决于换流阀冷却系统性能状况、运行环境以及历年运行和试验等情况。运行单位应根据换流阀冷却系统状态检修评估导则，确定冷却系统的检修周期、检修项目，制订出具体的检查、维护方案。

（2）特殊性检修项目应根据换流阀冷却系统状态检修评估导则，制订出具体的检查、维护方案。

（3）换流阀冷却系统设备解体性检修适用原则为，存在下列情形之一的电机、水泵、风机等旋转部件，需要对核心部件或主体进行解体性检修，不适宜解体性检修的应予以更换：①日常巡检或特殊性检修表明存在重大缺陷。②受重大家族缺陷警示，为消除隐患，需对核心部件或主体进行解体性检修。③依据设备技术文件推荐或运行经验，需对核心部件或主体进行解体性检修。

（4）阀冷系统设备的隔离检修，应以尽可能少弃水为原则，将被检修单元或部件进行隔离。

（5）阀冷系统设备的检修如存在焊接的需要，应先将设备或部件在场外焊接处理好后，再在现场进行拼装。

（6）应根据设备种类、使用环境、运行年限、检测结果、缺陷和故障程度以及运行和检修情况，综合分析评估设备状况，确定是否检修以及检修内容、项目和范围。

（7）根据检修结果对检修效果进行评估，并对同类设备的运行、检修提出建议。检修后应对如下项目进行评估：①检修是否达到预期目的、效果以及存在的问题。②设备检修的技术和经济评价。③检修质量的评价。④设备检修后的状态评价。

4.1.2　检修的分类

水冷系统的检修工作分为四类：A类检修、B类检修、C类检修、D类检修。

A类检修指整体性检修，包括整体更换、解体检修，检修周期按照设备运行工况进行，应符合厂家说明书要求。

B类检修指局部性检修，包括部件的解体检查、维修及更换，按照设备运行工况进行，应符合厂家说明书要求。

C类检修指例行检查及试验，包括子系统设备检查维护及系统调试，基准周期为1年。可依据设备状态、地域环境等特点，在基准周期的基础上酌情延长或缩短检修周期，调整后的检修周期不大于基准周期的2倍。其中，老旧设备检修周期不大于基准周期。对核心部件或主体进行解体性检修后重新投运的设备，可参照新设备要求执行。现场备用设备应视同运行设备进行检修。同时符合以下所有条件的设备，检修可以在周期调整后的基础上最多延迟1个年度：①巡视中未见可能危及该设备安全运行的任何异常。②带电检测（如有）显示设备状态良好。③最近的两次年度试验结果对比结果相比无明显差异。④没有任何可能危及设备安全运行的家族缺陷。

D类检修指在不停电状态下进行的检修、测试和外观检查，包括专业巡视、主循环泵电机润滑油补充、设备外观清洁及锈蚀处理、管道法兰及接头连接紧固、氮气罐更换、表计和传感器数据比对、辅助二次元器件更换、控制柜风扇更换等不停电工作。此类检修应依据设备运行工况及时安排，保证其功能正常。

4.1.3　检修前的准备

（1）检修前了解阀冷系统的工作原理、结构特点、性能参数、运行年限、运行记录、缺陷记录、历年检修记录及同类产品的障碍或事故情况。

（2）检修人员应熟悉电力生产的基本过程、阀冷系统工作原理及结构，掌握阀冷系统的检修技能，熟悉与本次检修相关的作业文件。一般应配备以下人员：工作负责人、熟练操作人员、制造厂技术人员（必要时邀请）。

（3）检修前应编制完善的检修方案，其中包括检修的组织措施、安全措施和技术措施。主要内容如下：①人员组织及分工。②检查项目和质量标准。③施工项目及进度表。④特殊项目的施工方案。⑤关键工序质量控制内容及标准。⑥试验项目及标准。⑦确保施工安全、质量的技术措施和现场防火措施。⑧必要的竣工图、设备技术资料。

（4）确认检修所需设备、工器具及主要材料是否准备好。

4.1.4　检修后的投运

检修完成后应编制检修报告，检修报告的结论应明确，检修施工的组织、技术、安全措施、检修记录表以及修前、修后的各类检测报告、各责任人及检查、操作人员签字应齐全。检修报告内容应包括：检修项目及名称、检修时间、检修负责人及成员、检修内容、发现问题及处理情况、遗留问题及处理建议、备品更换情况、材料消耗情况、器具使用情况、检测数据等。

投运前检查项目应包含：

（1）检修试验项目数据符合本规范或符合设备技术文件要求。

（2）阀冷却系统设备干净、无灰尘，无渗漏。

（3）各阀门状态位置正确、表计指示正常。

（4）所有安防措施已撤除，人员已退场，场地已清理干净。

投运后检查项目应包含：

（1）水冷控制保护柜、电源柜正常，无报警信息，运行人员值班系统无阀冷却系统报警信息。

（2）水泵、风机等旋转设备投切正常，无振动及尖锐刺耳噪声。

（3）双路电源切换，系统运行正常。

（4）各表计指示正常，阀冷却系统无渗漏。

（5）旋转设备及电源柜红外测温正常。

4.2　常规检修

常规检修是指按照惯例、规定等进行的检查及问题维修，常规检修的具体操作需要专业检修人员来执行。阀冷却系统的常规检修内容如表 4-1 所示。

表 4-1　　　　　　　　　　　　阀冷却系统常规检修内容

检修项目	基准周期	技术要求
红外热像检测	≤1 月	无异常
水质化验	≤1 月	符合设备技术文件要求
阀门、管道回路检修	1 年	阀门状态正确，管道回路无明显渗漏
电导率、温度、流量、压力、水位传感器、表计检查	1 年	双系统、双极比对检查一致
水泵检修	1 年	符合设备技术文件要求
加药泵检修	1 年	符合设备技术文件要求
电机检修	1 年	符合设备技术文件要求
风机检修	1 年	符合设备技术文件要求
去离子罐检修	1 年	符合设备技术文件要求
膨胀罐检修	1 年	符合设备技术文件要求
氮气装置检修	1 年	符合设备技术文件要求

检修项目	基准周期	技术要求
软化单元检修	1年	符合设备技术文件要求
反渗透单元检修	1年	符合设备技术文件要求
电加热器检修	1年	符合设备技术文件要求
过滤器检修	1年	符合设备技术文件要求
冷却塔检修	1年	符合设备技术文件要求
风冷装置检修	1年	符合设备技术文件要求
盐池、盐井检修	1年	符合设备技术文件要求
缓冲水池检修	1年	符合设备技术文件要求
控保屏柜检修	1年	符合设备技术文件要求
动力屏柜检修	1年	符合设备技术文件要求
电源屏柜检修	1年	符合设备技术文件要求

4.2.1 主循环泵检修

1. 主循环泵例行检查

（1）安全注意事项。

1）检修前应确认主循环泵电源及安全开关已断开。

2）拆除二次回路前，确认无电压。

（2）关键工艺质量控制。

1）检查主循环泵轴套润滑油油位，应符合厂家技术文件要求。

2）检查主循环泵机械密封，应无渗漏水现象。

3）泵体盘车应无卡涩、无异常噪声及振动。

4）主循环泵底座地脚螺栓应紧固且每套螺栓应有平垫和弹垫。

5）检查轴承磨损、腐蚀程度，滚动轴承径向磨损量应符合厂家技术文件要求。

6）电机接线盒内应无烧糊痕迹、无水珠。

7）添加电机轴承润滑油应适量。

8）主循环泵联轴器应无破损，螺丝应紧固。

9）校准主循环泵同心度，应符合设备说明书和技术文件要求。

10）电机绝缘电阻应不小于 $10M\Omega$（$1000V$ 兆欧表），绕组直流电阻三相平衡（三相最大差值/最小值$\leqslant 2\%$）。

2. 主循环泵整体更换

（1）安全注意事项。

1）检修前应确认电机电源及安全开关已断开。

2）检修前应确认主循环泵进、出口阀门已关闭。

3）拆除电源接线前，确认已无电压。

4）拆除电源线前应在电源线上做好标记，并将连接方式、标记做好记录。

5）工作前确认电机已冷却至环境温度，防止烫伤。

6）现场使用的工具应是带有绝缘把柄的工具，防止造成短路和接地。

7）现场工作应有两人以上，其中一人监护，防止出现安全事故。

（2）关键工艺质量控制。

1）应按厂家规定正确吊装设备。

2）主循环泵应无锈蚀、无渗漏，润滑油油位应正常。

3）主循环泵及其电动机应固定在一个单独的铸铁或钢座上。

4）主循环泵底座地脚螺栓应紧固且每套螺栓应有平垫和弹垫。

5）主循环泵应通过弹性联轴器和电动机相连，联轴器都应有保护罩。

6）主循环泵和驱动器的旋转部分应静态平衡和动态平衡。

7）机械密封应密封完好。

8）联轴器应无松动、破损。

9）校准主循环泵同心度应符合设备说明书和技术文件要求。

10）主循环泵振动检测应无异常。

11）电机绝缘电阻应不小于10MΩ（1000V 兆欧表），绕组直流电阻三相平衡（三相最大差值/最小值≤2%），接线牢固且相序正确。

12）对主循环泵进行排气时应缓慢，有水后应先关闭排气阀，然后再次打开，直到水流平稳无气泡溢出后方可判断主循环泵内气泡已排尽。

4.2.2 主过滤器更换

1. 安全注意事项

（1）正确使用工器具，防止机械伤害。

（2）对过滤器泄压时，应缓慢进行，防止水溅到其他设备上。

（3）工作结束后应恢复过滤器两侧阀门到运行位置。

2. 关键工艺质量控制

（1）工作前需关闭过滤器两侧阀门，将过滤器里的水全部排尽。

（2）检查密封垫圈应完整无破损，否则需更换。

（3）回装过滤器时，应注意过滤器的正确安装方向，过滤器和法兰间的垫圈应居中。

（4）紧固过滤器两侧法兰时，应使法兰密封面与垫片均匀压紧，必须均匀对称地紧固连接螺栓，避免用力不均。

（5）对过滤器进行排气时应缓慢，有水后应先关闭排气阀，然后再次打开，直到水流平稳无气泡溢出后方可判断过滤器内气泡已排尽。

（6）安装后应确认无渗漏。

4.2.3　稳压系统检修

1. 安全注意事项

（1）高处作业应做好防坠落措施。

（2）更换氮气瓶时应小心谨慎，防止重物砸伤。

（3）工作中应加强监护，防止高压气体伤人。

2. 关键工艺质量控制

（1）检修前应记录稳压系统压力、液位等参数以及各阀门位置状态，检修后应恢复至检修前的正常状态。

（2）高位水箱（如有）或膨胀罐表面应清洁，液位应满足要求。

（3）检查氮气装置管道、阀门、接头密封，均应无渗漏。

（4）检查自动排气装置功能，排气应正常。

（5）检查手动排气阀功能，开合应正常。

（6）压力释放阀、安全阀动作值整定应正确。

（7）更换氮气瓶后应将所有阀门恢复至正常状态，且应确认管道及阀门位置无渗漏。

4.2.4　补水泵更换

1. 安全注意事项

（1）检修前应断开补水泵和原水泵（如有）电源及安全开关。

（2）拆接电源线前应用万用表验明已无电压。

2. 关键工艺质量控制

（1）电源线拆除前应做好记录，工作结束时及时恢复。

（2）应按厂家规定正确吊装设备。

（3）水泵及电机应无锈蚀，机械密封位置应无渗漏。

（4）水泵底座地脚螺栓及连接螺栓应紧固，且每套螺栓应有平垫和弹垫。

（5）电机绝缘电阻应不小于 $1M\Omega$（1000V 兆欧表），绕组直流电阻三相平衡（三相最大差值/最小值≤2%），接线牢固且相序正确。

（6）水泵安装后应进行排气，排气时应缓慢，有水后应先关闭排气阀，然后再次打开，直到水流平稳无气泡溢出后方可判断补水泵内气泡已排尽。

4.2.5　传感器更换

1. 安全注意事项

（1）更换前应断开传感器交、直流电源，防止低压触电。

（2）高空作业系好安全带。

2. 关键工艺质量控制

（1）在更换前，应确认备用仪表的相关参数及性能与原设备一致。

（2）拆除与表计相连的所有接线，并与图纸核对，做好标记。

（3）所拆接线必须用绝缘胶布包好。

（4）更换压力、电导率传感器前，应关闭传感器出口阀门。

（5）更换流量、温度传感器前，应将所属管道两端阀门关闭，将管道内介质排空。

（6）应同时更换传感器密封圈。

（7）紧固接头及螺栓时，应按力矩标准进行紧固，并重新做好标记。

（8）压力传感器更换后应进行零位置调整。

（9）更换完成后应对传感器接头进行紧固，应无松动、无渗漏，必要时采取防松动措施。

（10）压力、电导率传感器更换后，应将传感器出口阀门打开。

（11）流量、温度传感器更换后，应将所属管道两端阀门缓慢打开，并进行排气。

（12）更换完成后应对传感器进行通电测试，检查传感器在不同控制保护系统中的参数是否和现场指示一致。

4.2.6　管道、法兰及阀门更换

1. 安全注意事项

（1）检修前应确认需更换部分已与主回路隔离或者主循环泵电源及安全开关已断开。

（2）高空作业系好安全带。

2. 关键工艺质量控制

（1）更换前应将被更换部件两侧的阀门关闭，并将内部去离子水排净。

（2）密封圈应同时进行更换。

（3）紧固法兰螺栓时，应使法兰密封面与垫片均匀压紧，必须均匀对称地紧固连接螺栓，避免用力不均。

（4）螺栓紧固后应重新做好标记。

（5）工作完成后应进行排气，排气时应缓慢，有水后应先关闭排气阀，然后再次打开，直到水流平稳无气泡溢出后方可判断管道内气泡已排尽；隔离管道内无排气阀时，需打开就近的自动排气阀，长时间运行，确保系统排气完成。

4.2.7　加热器更换

1. 安全注意事项

（1）工作前应断开加热器电源开关和安全开关。

（2）需用万用表对电源接线进行验电，确保无电后方可开始工作。

2. 关键工艺质量控制

（1）电源接线端子拆开前应做好标记。

（2）对角线拆下电加热器接线盒和法兰螺栓。

（3）安装加热器前先把新密封圈套在加热器上。

（4）紧固加热器固定螺栓时，必须均匀对称地紧固连接螺栓，避免用力不均。

（5）电源接线恢复时应紧固，相序正确。

（6）恢复阀门阀位，补充冷却介质，排除气体。

（7）安装后应检查加热器密封部位有无渗漏水现象。

（8）加热器更换前应对其备品进行绝缘电阻测试。

4.2.8 内水冷系统加压试验

1. 安全注意事项

（1）高空作业系好安全带。

（2）操作作业车时，应有专人监护，防止碰撞设备。

（3）加压试验应使用专用加压泵，不应使用补水泵。

（4）加压之前需再次核对加压回路以及阀门开启状态。

2. 关键工艺质量控制

（1）施加试验压力为 1.2 倍额定静态压力（进阀压力），时间不少于 30min。

（2）加压试验所使用的加压泵、软管、水桶应清洗干净，防止二次污染。

（3）加压试验时水桶要盖好，减少内冷水与空气接触，减少溶解氧。

（4）加压时应先打开加压泵进、出水阀门，然后再启动加压泵。

（5）检查每个阀塔主水回路的密封性，应无渗漏、压力无明显下降。

（6）检查冷却水管路、水接头和各个通水元件，应无渗漏、无明显压降。

（7）检查内水冷系统的压力、流量、温度、电导率等仪表，要求外观无异常，读数合理。

（8）对漏水位置接头进行紧固时，应按要求力矩进行紧固，不宜过紧。

4.2.9 系统功能试验

1. 安全注意事项

（1）确认水冷系统所有检修工作已完成，相关人员已撤离。

（2）内水冷系统已恢复至正常运行状态。

2. 关键工艺质量控制

（1）交流电源切换装置功能正常，当其中一路交流电源故障时，系统应能发出报警信号，且能自动切换至另一路备用电源。

（2）主循环泵手动（包括远方操作）和自动切换功能正常，当主循环泵切换不成功时，应能自动回切，且内水冷系统流量保护应不动作。

（3）主循环泵漏水检测装置功能正常。

（4）内外循环方式切换功能正常，且切换过程中泄漏保护不动作。

（5）流量、温度、压力、泄漏、液位等保护定值及动作结果正确。

4.3　特殊性检修

4.3.1　去离子罐树脂更换

1.串联运行去离子罐树脂更换

（1）更换前的准备。更换前的准备按直流系统未停运要求，如停电更换，该准备可从第（4）个步骤开始，对一罐运行一罐检修的方式说明如下：

1）通过手动补水操作，提高膨胀罐的水位至检修水位。

2）检查补水箱充水位是否达到 50％。

3）在运行状态下退出漏水保护。

4）按照一罐运行一罐检修流程图将阀门、管道连接到位。

5）将补水箱与需更换树脂的离子罐底部的树脂排放阀用透明软管连接好，并打开这两个阀门及补水泵前的阀门。

（2）检修罐树脂排出。

1）启动补水泵。

2）慢慢打开检修罐注水阀门，检修罐树脂沿着注水阀流出到补水箱。

注意事项：排水过程会出现两个水面，一个位于树脂的上面，另一个位于过滤器底部以下。在更换树脂的过程中应始终检查这两个水位。确保较低的水位不会使泵吸入空气，而较高的水位不会使补水箱里的水溢出。如果发生以上情况，补水泵应停下来直到水位恢复正常为止。当离子罐充满一半水时应排空插入式过滤器。

3）通过透明软管判断离子罐是否倒空。当离子交换罐排空时，停止补水泵。

4）关闭检修罐注水阀和补水箱阀门。

5）用铲子或袋式螺旋圈提重器排空装设在补水箱里的过滤器，并将袋取下，排空后，用水清洗。

6）将补水箱恢复到运行模式，并拆除补水箱和检修罐之间的管子。

7）在检修罐底部泄流阀连接一根管子到排水沟。

8）打开检修罐底部的进气阀，将树脂排空。

9）关闭检修罐底部泄流阀。

（3）给检修罐加新树脂。

1）拆下进口连接管子和离子罐顶部插入式过滤器的管肘之间的管接头。

2）拆下插入式过滤器及相关管子。

3）用漏斗和铲子加入新树脂，直到树脂达到离子罐末端开启处（焊缝）。注意插入式过滤器的筛子应该位于树脂上方而不是里面。

4) 打开过滤器的筛子彻底清洗。

5) 将换下的过滤器重新装入管接头。

6) 小心打开内冷水进水阀约30°，水流缓缓流入树脂罐。如果离子罐里的水位太低，关闭内冷水进水阀，手动补水到正常位置（绿色带）。再次打开内冷水进水阀约30°，继续充水到离子罐充满为止，即排放阀开始溢出水为止。

7) 关闭内冷水进水阀和排放阀。

8) 将检修罐恢复到运行状态，并以串联在前的方式至少运行24h。

9) 当电导率值低于0.1μs/cm时，将检修罐改为串联在后的方式正常运行。注意更换树脂一个星期后，应对串联运行的两个离子罐进行排气。

2. 并联运行去离子罐树脂更换

(1) 关闭要检修的去离子罐进出水阀门。

(2) 全开要检修去离子罐排水阀，将去离子罐上部的排气孔螺丝旋开，将去离子罐中的水排放干净。

(3) 拆除去离子罐上部端盖螺丝及与管道相连的法兰螺丝，取走端盖。注意，端盖笨重，应双人抬放，螺丝收集集中存放，防止丢失。

(4) 双人将去离子罐上部固定过滤器的挡板抬下，将过滤器拆下用水冲洗干净，按原样恢复安装。

(5) 人工用小盆将去离子罐内的树脂舀出，在舀出过程中，注意小盆勿损伤去离子罐内壁保护层。

(6) 拆除去离子罐本体下端的螺丝，四人将本体移走并清洗干净。由于本体外壳较重，在移走过程中，勿损伤人员及设备。

(7) 双人将去离子罐下部固定过滤器的挡板抬下，将过滤器拆下用水冲洗干净，按原样恢复安装。

(8) 将清洗干净的下部过滤器板恢复安装，注意方向，过滤器在上方。将过滤器本体就位，固定螺丝安装紧固，紧固时要双人对角紧固。

(9) 新树脂回装时，树脂高度距上层过滤器挡板高度15cm，回装上部固定过滤器挡板，注意方向，过滤器在挡板的下部。

(10) 将去离子罐上部端盖复位安装，用力矩扳手紧固螺丝，在紧固时必须双人对角紧固。更换去离子上端盖与管道连接的法兰垫片，紧固法兰螺丝。

(11) 关闭去离子罐排水阀，打开进水阀门约30°，慢慢补水，当水从去离子罐上端盖排气阀流出时，旋紧排气螺丝。全开去离子罐进水阀门。

(12) 调整去离子罐出水阀门，使出水流量为额定流量的50%。

(13) 检查去离子罐密封，应无渗水现象，对渗水处进行螺丝紧固。

(14) 检查去离子罐外部、防腐并清扫。

4.3.2   反渗透膜管更换

（1）将需要更换的反渗透膜管退出运行。

（2）关闭反渗透膜管两端的进出水阀门。

（3）打开反渗透膜管排水阀门，排尽膜管中的水。

（4）拆除膜管两端的管道连接件，拆除过程中勿损伤阀门、管道连接件。

（5）拆除膜管固定堵头的定位卡环。

（6）用专用工具拔出膜管内的堵头，取下卡套。

（7）沿水流的方向拉出渗透膜，注意不得逆向拔出。

（8）更换渗透膜，将用专用中空连杆相互连接好的渗透膜，按照水流方向进行回装。注意在安装前渗透膜管内壁应涂抹一圈洗手液，以减少回装阻力。

（9）安装卡套，用定位插销固定。

（10）安装黑色的堵头，当卡槽漏出时说明堵头已经到位。

（11）回装三分卡环并固定。

（12）回装膜管排水阀阀门。

（13）回装膜管两端的管道连接件，更换膜管工作完成。

4.3.3   电机解体检修

（1）断开检修电机安全开关。

（2）开启电机接线盒，断开电机电源接线，拆线时在电源线上做好标记，并将连接方式、标记做好记录，接线螺丝要保存好。

（3）拆除电机地脚固定螺丝（冷却塔风机电机拆除时，需在电机下部平铺木板，并将电机用绳索捆绑固定，设专人保护，防止电机掉落砸坏电机下部设备，在拆除过程中，人员必须在四人以上），电机拆除移至检修场地，电机地脚下的垫片应注意分别存放起来。

（4）电机解体。

1）拆卸的电动机零件应妥善保管避免丢失，应做记号的均应做好记录。

2）拆除电机散热风扇网罩螺丝，取下网罩，并取下固定散热风扇的卡环、风扇。

3）拆除电机两端端盖的固定螺丝，用铜棒敲击打开端盖，但应注意不要损坏结合面。

4）取出电机转子，电机定子应水平抽出，至少两人进行，看好定、转子间隙，严防碰坏定子线圈。

5）转子抽出后水平放置在硬木衬垫上，木垫上不得有突出的铁钉或其他硬质碎块，以防损坏转子铁芯。

6）定子线圈应无松动、断线、绝缘老化、破裂、损伤、过热变色、表面漆层脱落等情况，否则应重新绕线。机体和线圈上有油迹时，应用抹布沾少许汽油擦净。

7）转子铁芯应无磨损、锈斑、局部变色。如有轻度的磨损、锈斑、局部变色需用石英砂纸沿着轴向轻轻擦试，再用棉布沾少许汽油擦净，严重时应更换备品。

（5）轴承检查。

1）用汽油将轴承内的润滑脂清洗干净并晾干。仔细检查轴承内外轨道和滚珠上有无麻点、破裂、脱皮、砸沟和滚珠卡子过松、磨偏、破裂等情况，发现上述问题应进行更换。

2）轴与轴承的内套之间不应有转动的现象，若发现轴承有位移退出或内外套一同转动时，应对主轴进行处理。

3）若轴承间隙磨损微量，用汽油、毛刷对轴承进行清洗晾干，检查轴承转动是否灵活，有无异常响声，内外钢圈有无晃动，若轴承正常，则对轴承加装适量（一般控制在其容积的 1/2～1/3 范围内）润滑脂继续使用。

4）轴承间隙晃动、磨损较大时，应更换轴承。

（6）轴承更换。

1）用卡环钳取下轴承外侧的卡环，并确认卡环完好无损、没有变形及弹性良好，将卡环存放好。

2）用三角拉玛将轴承取下。

3）更换同型号的新轴承，用铜棒敲击轴承内圈四周，将新轴承安装到位。安装过程中禁止硬力敲击轴承外圈，以防轴承变形。

4）用卡环钳将卡环安装在卡环槽定位，并左右摆动，检查确认卡环到位情况。

（7）电机回装。

1）转子安装时至少两人进行，应水平安装，看好定、转子间隙，严防碰坏损伤定子线圈。

2）将电机两端端盖油污清洗干净，确认端盖无裂纹及止口环轴承室的结合面光滑，回装电机两端端盖，并紧固固定螺丝。

3）回装电机散热风扇、卡环、网罩。

（8）电机检查。

1）检查电机主轴转动情况，转动应灵活、平稳。

2）检查电机电源引线是否有过热现象，有过热现象时应进行绝缘包扎处理：用 500～1000V 表对电机绕组进行绝缘测量，其相间、相对地绝缘电阻值均应大于 $1M\Omega$，否则应更换电机或进行绝缘处理；测量电机绕组阻值，三相阻值应相近。

3）电机就位回装，回装时注意事项与电机拆卸时相同。

4）电机电源线回装，按照拆线记录恢复电机接线（Y/△），更换电机接线盒密封圈，回装接线盒盖，紧固螺丝。

5）电机外部应无破损，密封良好，外部应清理干净；电机外壳接地线螺丝应紧固。

（9）电机试运行检查。

1）电机试运行检查，核对转动方向是否正确，若安装不便于试方向时，应在电机安装就位前进行单独试机。

2）电机运转平稳，无异常声音，无振动；用钳形电流表测电流，三相电流应平衡。

4.3.4　水泵解体检修

以下以 KSB 主循环泵为例进行介绍，其他水泵检修工艺参照设备说明文件进行。

（1）将主泵电源从电源柜断开。

（2）确认安全开关断开，全关进出水阀门。

（3）泵壳应冷却到环境温度，且不处于压力状态下（可通过其下部螺塞排空）。

（4）将泵体内润滑油放掉。

（5）拆下联轴器罩壳。

（6）断开所有连接在泵上的辅助装置。

（7）用绳子紧紧地套在中间支架的凸缘上。

（8）旋出六角螺栓及支架上悬架螺栓，将悬架搬开。

（9）松开六角螺母和六角螺栓作为起盖螺栓，首先清洗螺栓的螺纹，将轴承托架连同轴、叶轮及中间支架一起从泵体中拆出。

（10）松开叶轮螺母及紧锁垫片（螺栓为右旋），拆下垫片、叶轮，取出键。

（11）松开六角螺母，向后推密封压盖，直到与防尘盘相邻。拆下泵盖及防尘盘，取下加在轴上的机械密封。

（12）拧下中间支架法兰上的六角螺母，将支脚取下。

（13）旋出联轴器轮毂上的螺钉，取出键，然后将泵轴上的联轴器拆下。

（14）旋出螺钉后，拆下泵和电机两侧的前盖和后盖，注意不要损坏垫子。

（15）仔细拆除轴及轴承、滚珠轴承的内圈。

（16）拆出调整垫，检查弹性挡圈，从托架内拆下径向滚珠轴承的滚珠保持器。

（17）拔直锁紧垫圈，旋下锁紧螺母，拆下锁紧垫圈。

（18）对滚动轴承和径向滚珠轴承的内圈进行加热，取出泵轴。

（19）清洗所有零部件，并检查易损件，若碰伤了任何零件，均应更换为新零件。

（20）重新装配。

按照与拆卸程序相反的顺序进行装配，装配的注意事项如下：

1）某些部件配合部位装配前应涂上石墨或近似于石墨的润滑剂涂层。对螺纹也要涂润滑剂。检验径向轴封圈是否损坏，如有损坏，应予更换。填料如有磨损也应更换，其尺寸应与原来的一致。

2）将滚动轴承和径向滚珠轴承放在油内加热，加热至约80℃，然后把轴承沿轴承表面推移至紧轴肩为止。注意轴承要背靠背安装。装入轴承后在未装锁紧垫圈时，用钩扳手把锁紧螺母拧紧。将滚动轴承冷却到超过室温5℃左右，再一次拧紧锁紧螺母，然后松开。将数滴二氧化钼加在锁紧垫圈与锁紧螺母配合平面之间，安装好锁紧垫片，拧紧锁紧螺母，然后将锁紧垫圈处于放松位置。

3）在安装前盖和后盖时，注意不要损坏油封。

4）轴与轴套间的滑动配合情况按设备文件说明进行检查。

5）叶轮螺母应拧得非常紧，它是用螺旋弹簧嵌入物作为锁紧元件的，锁紧力比一般螺母大。叶轮螺母拧紧后20～30min后再继续进行拧紧。

6）泵与管路连接后，重新检查校正联轴器。

（21）密封。

1）机械密封的安装。保证安装正常，必须非常清洁，应特别仔细安装机械密封。密封安装时应首先拆下密封端面的保护盖。静环安装后，应检查其端面及压盖零件的平行度。轴套表面必须非常清洁和光滑，凌边必须修去毛刺。当把动环装入轴套时，必须采取适当措施，防止轴套表面损坏。机械密封总装配前，密封面应加油润滑。对装有双端面机械密封的泵，其密封腔应进排气，并按照装配图所规定的压力进行增压（当泵处于停车时也应增压）。泵在停车时，也应继续供应冷却冲洗液。

2）填料密封的安装。装入密封腔的填料切口应光滑、平整，先放入两根填料（切口位置应错开），再放入水密封圈，接着再放入两根填料、一只水密封圈，装上填料压盖。填料安装时应适当压实，但也不能压得过紧，否则会使轴套发热，影响正常运行，在运行时二水密封处必须供应冷却冲洗液。

（22）泵大修后启动试运转，确认试运转启动良好，转速正常，流量、压差指示达标，无异常声音，无不良振动，试运转期间轴承允许超过室内温度50℃以内，但外壳测温不得超过±80℃。

4.4　检测试验

4.4.1　阀内水冷系统

阀内水冷系统的检测项目、周期和标准如表4-2所示。

表 4-2　　　　　　　阀内水冷系统检测

序号	项目	周期	标准	说明	检测方式
1	测量主循环泵电机绝缘电阻	1年1次	单相对地绝缘电阻及相间绝缘电阻≥10MΩ	使用1000V兆欧表	直流停电检修
2	测量主循环泵绕组直流电阻	1年1次	任意一相直流电阻与三相直流电阻平均值相比偏差≤±2%	使用直流电阻仪或万用表	直流停电检修
3	测量主循环泵同心度	1年1次	联轴器之间的径向和轴向偏差不超过0.2mm	使用百分表或激光对中仪	直流停电检修
4	测试主循环泵振动	1年1次	(1) 经过同心度校准后装复的泵振动位移值不大于0.06mm；(2) 长期运行情况下不大于0.1mm	使用振动测试仪	直流不停电检修
5	测量补水泵电机绝缘电阻	(1) 3年1次；(2) 设备出现过热、过载、短路或接线盒进水等现象时，当年安排检修，基准周期自检修之日起重新计算	单相对地绝缘电阻及相间绝缘电阻≥1MΩ	使用1000V兆欧表	直流停电检修
6	测量补水泵绕组直流电阻	(1) 3年1次；(2) 设备出现过热、过载、短路或接线盒进水等现象时，当年安排检修，基准周期自检修之日起重新计算	任意一相直流电阻与三相直流电阻平均值相比偏差≤±2%	使用直流电阻仪或万用表	直流停电检修
7	测量电加热器绝缘电阻	(1) 3年1次；(2) 设备出现过热、过载、短路或接线盒进水等现象时，当年安排检修，基准周期自检修之日起重新计算	电源的任一极和易触及金属部件之间按出厂试验标准加压，应无击穿闪络	用1000V兆欧表	直流停电检修
8	测量电加热器直流电阻	(1) 必要时；(2) 设备出现过热、过载、短路或接线盒进水等现象时，当年安排检修，基准周期自检修之日起重新计算	与历史检测数据相比，无明显差异	使用直流电阻仪或万用表	直流停电检修

续表

序号	项目	周期	标准	说明	检测方式
9	测量电动阀绝缘电阻	(1) 3年1次；(2) 设备出现过热、过载、短路或接线盒进水等现象时，当年安排检修，基准周期自检修之日起重新计算	与历史检测数据相比，无明显差异	使用1000V兆欧表	直流停电检修
10	传感器精度校验	(1) 必要时；(2) 设备出现过热、过载、短路或接线盒进水等现象时，当年安排检修，基准周期自检修之日起重新计算	符合设备技术文件要求	可对同一测点不同的传感器测量数值进行比对，当出现明显偏差时，开展传感器精度校验	直流停电检修
11	管道、阀门加压试验	每年1次	停泵状态下加压至厂家建议值，持续1h，管道、阀门或接头应无任何渗漏水现象	使用系统内的加压泵加压	直流停电检修
12	测量动力柜及控制柜内动力电缆回路绝缘电阻	(1) 3年1次；(2) 设备出现过热、过载、短路或接线盒进水等现象时，当年安排检修，基准周期自检修之日起重新计算	绝缘电阻>1MΩ	使用1000V兆欧表	直流停电检修
13	水冷控制保护装置校验保护定值	必要时	检查保护定值与定值单一致，符合保护设计要求	检测流量及压力保护、温度保护、液位保护、泄漏保护、电导率保护等功能，均应动作正常	直流停电检修
14	冷却水流量检测	必要时	参考设计值，与在线监测值比对，无明显差异	换流站内水冷系统配置了冗余的流量传感器，流量传感器测量值满足标准即可，当流量传感器故障时，应进行检测	直流停电检修
15	内冷水电导率测量（25℃）	必要时	25℃时的电导率不大于0.3μs/cm（注意值）或应满足制造厂技术要求	换流站内水冷系统配置了冗余的电导率变送器，电导率变送器测量值满足标准即可，当电导率变送器故障时，应进行检测	直流停电检修

4.4.2　阀外风冷系统

阀外风冷系统的检测项目、周期和标准如表4-3所示。

表4-3　　　　　　　　　阀外风冷系统检测项目、周期和标准

序号	项目	周期	标准	说明	检测方式
1	测量风机及其电机绕组绝缘电阻	(1) 3年1次; (2) 设备出现过热、过载、短路或接线盒进水等现象时,当年安排检修,基准周期自检修之日起重新计算	单相对地绝缘电阻及相间绝缘电阻≥1MΩ	使用1000V兆欧表	直流不停电检修
2	测量风机及其电机直阻	(1) 3年1次; (2) 设备出现过热、过载、短路或接线盒进水等现象时,当年安排检修,基准周期自检修之日起重新计算	任意一相直流电阻与三相直流电阻平均值相比偏差≤±2%	使用直流电阻仪或万用表	直流不停电检修
3	测量风机及其电机三相电流平衡度	(1) 3年1次; (2) 设备出现过热、过载、短路或接线盒进水等现象时,当年安排检修,基准周期自检修之日起重新计算	任意一相运行电流与三相平均值相比偏差≤10%	使用钳型电流表	直流不停电检修
4	电加热器阻值	(1) 3年1次; (2) 设备出现过热、过载、短路或接线盒进水等现象时,当年安排检修,基准周期自检修之日起重新计算	与历史检测数据相比,无明显差异	使用直流电阻仪或万用表	直流不停电检修
5	电加热器绝缘	(1) 3年1次; (2) 设备出现过热、过载、短路或接线盒进水等现象时,当年安排检修,基准周期自检修之日起重新计算	电源的任一极和易触及金属部件之间按出厂试验标准加压,应无击穿闪络	使用1000V兆欧表	直流不停电检修
6	测量动力柜及控制柜内动力电缆回路绝缘电阻	(1) 3年1次; (2) 设备出现过热、过载、短路或接线盒进水等现象时,当年安排检修,基准周期自检修之日起重新计算	绝缘电阻>1MΩ	使用1000V兆欧表	直流不停电检修

第4章

序号	项目	周期	标准	说明	检测方式
7	控制柜控制保护系统功能试验	1年1次	各项控制保护功能的试验结果符合定值单要求	控保系统功能试验在软件未升级时不会出现变更,可在软件升级或设置修改时进行试验	直流不停电检修
8	控制柜定值校验	必要时	检查定值与定值单一致,符合保护设计要求	定值校验核对后一般不会变更,可在有变更时进行校验检查	直流不停电检修

4.4.3　阀外水冷系统

阀外水冷系统的检测项目、周期和标准如表4-4所示。

表4-4　　　　　　　阀外水冷系统检测项目、周期和标准

序号	项目	周期	标准	说明	检测方式
1	测量各类电机绝缘电阻	(1) 3年1次; (2) 设备出现过热、过载、短路或接线盒进水等现象时,当年安排检修,基准周期自检修之日起重新计算	单相对地绝缘电阻及相间绝缘电阻≥1MΩ	(1) 使用1000V兆欧表; (2) 包括高压泵电机、喷淋泵电机、排污泵电机、砂滤循环泵电机、反洗泵电机、加药泵电机、空压机电机、冷却塔风机电机	直流不停电检修
2	测量各类电机绕组直流电阻	(1) 3年1次; (2) 设备出现过热、过载、短路或接线盒进水等现象时,当年安排检修,基准周期自检修之日起重新计算	任意一相直流电阻与三相直流电阻平均值相比偏差≤±2%	(1) 使用直流电阻仪或万用表; (2) 包括高压泵电机、喷淋泵电机、排污泵电机、砂滤循环泵电机、反洗泵电机、加药泵电机、空压机电机、冷却塔风机电机	直流不停电检修
3	测量动力柜及控制柜内动力电缆回路绝缘电阻	(1) 3年1次; (2) 设备出现过热、过载、短路或接线盒进水等现象时,当年安排检修,基准周期自检修之日起重新计算	绝缘电阻>1MΩ	使用1000V兆欧表	直流不停电检修

续表

序号	项目	周期	标准	说明	检测方式
4	传感器测量比对	（1）必要时； （2）运行过程中出现测量值与正常值偏差较大时，当年安排检查试验，基准周期自检修之日起重新计算	符合设备技术文件要求	系统配置了冗余的传感器，传感器测量值满足标准即可，当传感器故障时，应进行检测	直流不停电检修
5	外冷水水质检测	必要时	（1）pH值检测：在6.8～8.0范围内； （2）总硬度检测：≤300mg $CaCO_3$/L； （3）全碱度检测：≤300mg $CaCO_3$/L； （4）氯化物检测：≤125mg/L	水质指标超过标准范围时，应进行水的更换或处理合格后再使用	直流不停电检修

4.5 典型故障案例

4.5.1 故障概况

2021年07月10日19时16分36秒，某换流站负极换流阀闭锁，负极极隔离，监控机发：膨胀罐液位超低，请求跳闸；现场检查发现负极空冷棚内冷水外循环部分7号风机位置大量漏水。负极闭锁后，负极功率全部转移至正极送出，未造成功率损失。故障前运行方式为端对端双极运行。水冷系统空冷棚采用引风式风机对内冷水外循环部分管束进行降温，共7组管束，每组管束有8个外转子风机。

故障过程如下：

2021年07月10日19:16:31，监控机报：负极阀冷A、负极阀冷B膨胀罐液位超低报警，2021年07月10日19:16:36负极阀冷接口、内冷控制系统1A柜阀冷系统请求跳闸，换流阀解锁信号消失，内冷控制系统1A柜跳闸，保护极隔离命令出现，请求联跳对站指令发出，水冷控制保护系统跳闸命令出现，闭锁线路重合闸出现。故障OWS后台报文如图4-1所示。

故障报文主要过程如下：

19:16:31.905 膨胀罐液位超低。

19:16:36.654 内冷控制系统1A柜阀冷系统请求跳闸。

19:16:36.759 换流阀解锁信号消失。

19:16:36.760 内冷控制系统1A柜跳闸。

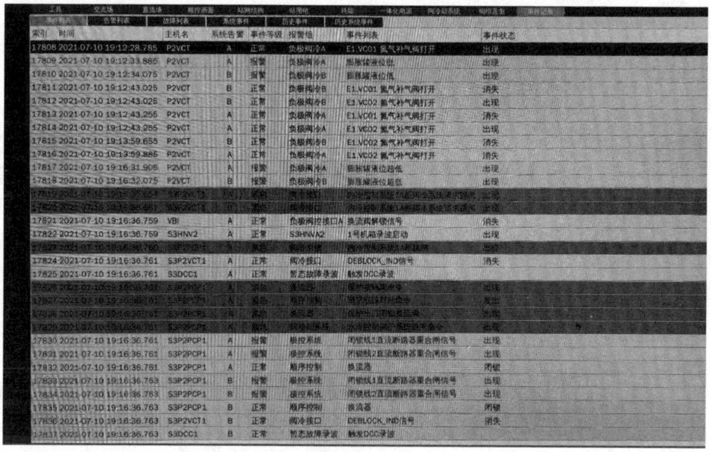

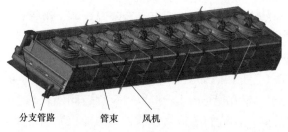

图 4-1　故障 OWS 后台报文

19:16:36.761 保护极隔离命令出现。

19:16:36.761 请求联跳对站指令发出。

19:16:36.761 水冷控制保护系统跳闸命令出现。

19:16:36.761 闭锁线路重合闸出现。

4.5.2　故障检查

换流站空冷棚采用引风式风机对内冷水外循环部分管束进行降温。负极风机部分共计 7 组风机，每 8 个引风式风机构成一组，每组单独有一路分支水路，可以通过关闭该支路的进出口检修阀门旁路该支路，图 4-2 为空冷棚风机示意图，图 4-3 为故障空冷器位置平面示意图。

分支管路　　　管束　　风机

图 4-2　空冷棚风机示意图

负极闭锁后，对站内水冷设备进行了检查，检查情况如下：

负极换流阀第 7 组空冷器 2 号风机位置风机运行时叶片掉落致空冷器管束破裂，内冷水迅速泄漏，故障风机如图 4-4 所示，管束破裂及转子情况如图 4-5 所示。负极换流阀闭锁是由于负极空冷器内冷水大量泄漏，膨胀罐液位超低请求跳闸导致的。内冷水管束破裂，内冷水快速泄漏，导致膨胀罐内液位迅速降低。膨胀罐液位降低至 10%，且膨胀罐液位超低跳闸压板投入，触发膨胀罐液

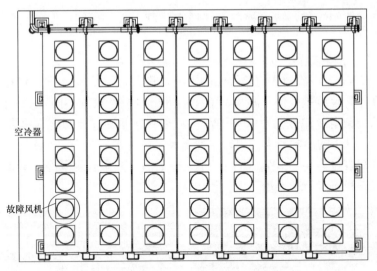

图 4-3　故障空冷器位置平面示意图

图 4-4　故障风机

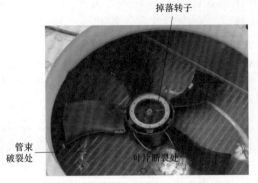

(a) 空冷器风机转子

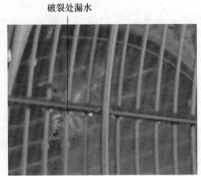

(b) 空冷器管束破裂

图 4-5　管束破裂及转子情况

位超低请求跳闸条件，内冷控制系统请求跳闸，极控跳闸，保护动作正确录波无异常。

4.5.3 应急处置

将 E3.V107 空冷器入口检修蝶阀关闭，将 E3.V117 空冷器出口检修蝶阀关闭，空冷器管束破裂处停止漏水，空冷器进出口检修蝶阀如图 4-6 所示。换流阀冷却系统额定冷却容量为 4669kW。7 台管束满足对换流阀冷却裕度 30% 的需求，满足 $N+1$ 的冷却要求。单台空冷器满足的冷却容量为 779kW，6 台空冷器满足的冷却容量为 4674kW。屏蔽一组空冷器后，其余 6 组空冷器管束也可满足当前换流阀稳态运行的要求。

(a) 空冷器进口检修蝶阀   (b) 空冷器出口检修蝶阀

图 4-6　空冷器进出口检修蝶阀（关闭状态）

4.5.4 故障原因分析

现场打开故障空冷器风机防护网，发现风机扇叶（转子）掉落在管束上。由于转子脱落时，转子处于高速旋转情况，此时叶片在离心力作用下，对空冷器管束造成惯性冲击，造成风机扇叶断裂、空冷器管束基管破裂，如图 4-7 所示。引风式风机由定子和转子两部分组成，风机转子固定方式如图 4-8 所示，转子依靠中心轴两端的轴承及卡簧固定在定子上。针对现场损坏的风机进行拆解检查，现场拆卸接线盒后检查风机内部，发现轴承上方有○形圈裸露在外，对比其他风机电机发现此处漏装密封端盖，如图 4-9 所示，进而导致雨水进入风机内部，如图 4-10 所示，造成元器件生锈腐蚀，轴承润滑失效磨损严重，最终卡簧槽上方轴端本体被完全磨损，如图 4-11 所示，最终造成风机转子掉落。

通过以上检查，分析造成风机外转子脱落的原因如下：

（1）由于未安装密封盖，导致雨水进入风机内部，造成元器件腐蚀生锈。

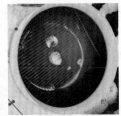

(a) 风机风扇掉落　　(b) 管束划伤　　(c) 扇叶断裂

图 4-7　损坏风机现场

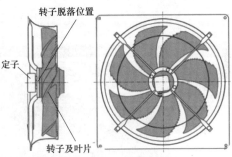

(a) 风机电机剖面图　　(b) 转子脱落位置示意图

(c) 正常运行风机扇叶现场安装

图 4-8　风机固定结构

（2）轴承进水后，油脂和水混合产生乳化效果，失去润滑作用。

（3）转子轴生锈后，卡簧与卡簧槽持续磨损，卡簧整体被拉变形，无法固定在卡簧槽内。磨损达到一定程度后，卡簧槽上方会被整体磨掉，从而造成风机转子脱落。

4.5.5　故障处理

故障发生后，经过讨论分析提出空冷器整体更换和破裂管束两端封堵两种处理方案。

方案 1：对破裂管束基管两端进行焊接封堵。

(a) 故障风机密封盖未安装　　　　　　　　(b) 正常风机密封盖安装

图 4-9　风机电机密封盖安装情况

图 4-10　风机内部（转子）进水

(a) 定子锈蚀　　　　　　(b) 转子锈蚀　　　　　　(c) 轴承磨损

图 4-11　风机电机内部锈蚀及轴端磨损

　　方案 2：对管束破裂的 7 号空冷器进行整体更换。

　　因方案 1 施工会造成内冷水水质变差，且违反《国家电网公司二十一项直流反事故措施》"4.3.2 阀内冷水系统管道不允许在现场切割焊接"，因此采用方案 2 进行整改处理。处理完成后经过打压、试运行等试验合格后，方可正常投入运行。

4.5.6　隐患排查

针对本次空冷器密封盖未安装造成扇叶生锈脱落，进而导致直流闭锁的故障，对全站空冷器进行以下排查：

（1）检查全站空冷器密封盖安装是否完整且密封是否可靠。

（2）年检期间对全站空冷器风机电机进行绝缘耐压测试，确认电机绝缘完好，对绝缘耐压存在问题的电机进行更换处理。

第 5 章

水冷系统展望

第
5
章

随着特高压直流输电容量的增加，换流阀的尺寸和容量随之进一步增大，所需的冷却系统换热能力逐渐提高，从而对冷却系统的稳定可靠运行提出了更多的挑战。如何在有限的空间内不断提高换流阀冷却系统的换热能力并保障其可靠性是亟待解决的关键问题。

1. 可靠、高效的新型冷却技术研究

随着换流阀散热需求的增加，换流阀内冷系统所需冷却介质流量随之增加。在结构尺寸总体受限的情况下，增加流量意味着内冷系统管道流动阻力大幅上升，从而影响到整体结构的稳定性。因此，进一步优化流动管道结构，降低管道流动阻力是需更加深入开展的内容。为适应更大功率发热器件，强制液体冷却、相变冷却、微冷却等技术将成为研究热点，且在未来均具有较好的前景。因此，研究出一套运行稳定可靠、传热性能优异的新型冷却技术必将是换流阀冷却系统的发展趋势。电子器件的冷却应结合不同的场合和散热条件选择散热方式。在未来可以将不同的散热技术结合，利用混合冷却的方法，实现对高热流密度电子元件温度的有效控制。

2. 系统、全周期的换流阀内冷系统换热能力研究

在已有研究中，研究者们通常将换流阀通过空冷器散失的热量视为定值，或直接给定对流换热系数，并对流道模型做了比较大的简化。而简化过多会导致整体结构热应力特性及温度分布的改变，与实际情况有一定误差，在进行换热能力可靠性验证时需特别考虑这点。其次，实际运行过程中换流阀冷却系统是一个动态平衡的过程，其运行状态会受到外冷系统运行状态、环境因素、阀厅温度、负荷等多因素影响。因此，综合考虑阀厅散热、不同运行状态等多因素换流阀冷却系统运行效能的研究方法是今后研究的一个重要方向。如何根据阀冷进出阀温度、水流量、水压力、室外温湿度和风机转速等参数建立阀冷控制系统数学模型以优化控制保护系统参数，实现最佳的阀冷却效果是需要进一步研究的问题。

3. 稳定、准确的换流阀温度监测方案研究

为保障换流阀安全可靠运行，需获得准确的换流阀结温，以判断当前时刻换流阀设备的运行状态是否安全。而换流阀的严酷环境对传感器提出了很多限

制，如存在传导干扰、电磁辐射、振动、高温等。因此，今后的水冷系统开发出一套适合于换流阀严酷环境中的温度测量方案是必要的。

4. 新型的密封技术

在水冷管路系统中，泄漏是最大的故障之一，因此泄漏一直被列为重点研究和预防的课题。造成管路泄漏的原因主要是：由于机械加工的质量，机械加工过程不可避免会存在各种缺陷和加工偏差。如表面粗糙精度过低，平整度不够等，这些缺陷在机械零件装配后联接处不可避免地会产生间隙，密封两侧的介质会存在压力差，工作介质就会通过间隙而产生泄漏。密封的作用就是采取有效的密封措施封住机械零件接合面间的间隙，切断泄漏通道。因此，研究新型可靠的密封技术很有必要，从而提高产品的可靠性。

5. 结构多样的外冷散热设备

现有换流阀水冷却系统中，通常使用空气冷却器或冷却塔作为外冷设备，该种设备不适合在常年高温缺水的地区应用。冷水机组技术作为一种高效的制冷方式，其在空调制冷行业应用十分普遍，技术也比较成熟，但在国内外换流站水冷却系统中却少有相关的报道或应用。目前国内外换流阀水冷却系统室外热交换器多分为水冷却、空气冷却或两种混合的冷却方式。在高温缺水地区，上述的两种冷却方式的应用均受到限制。针对常年高温缺水地区换流站冷却系统，冷水机组的直接应用提供了新思路，即采用冷水机组直接冷却去离子水。值得注意的是，冷水机组制冷时压缩机需要消耗一定的电能，相比空气冷却器和冷却塔来说能耗可能会增加。在实际工程应用中，需要综合考虑环境温度、水资源条件、电力电子设备进水温度等因素，合理选择适用的冷却设备。

在直流输电领域，基于模块化多电平换流器的柔性高压直流输电应用越来越广泛，而各个国家对于直流输电的需求也与日俱增，使得可靠性研究的工作需要与之进行配合，而换流站水冷系统作为最重要的辅助系统，急需更多面、更深入的研究，随着我国直流输电工程的全面开工建设，吸收事故教训、总结运行维护经验、强化技术交流与培训也已成为现场运维单位提高直流系统可靠性的重要手段，希望本文能为换流站水冷系统的日常维护保养、换流站人员的管理培训以及新工程的建设提供经验和帮助。

参 考 文 献

[1] 国家电网公司. 国家电网公司直流换流站2003—2022年运行情况分析 [R]. 北京：国家电网公司，2023.

[2] 冯会良. 电力电子设备市场展望及水冷系统冷却液性能要求 [J]. 石油商技，2021，39 (02)：10 - 13.

[3] 黄晨，刘源. 换流站阀水冷系统主泵启动方式分析 [J]. 湖南电力，2017，37 (01)：31 - 41.

[4] 李泽成. 基于模块化多电平换流器的直流输电关键技术及应用研究 [D]. 北京：中国矿业大学，2020.

[5] 田大川. 提升高压直流输电系统换相失败抑制能力的直流控制关键技术研究 [D]. 重庆：重庆大学，2021.

[6] 王天博. 高压直流输电系统建模及控制研究 [D]. 大连：大连交通大学，2019.

[7] 李广义，张俊洪，高键鑫. 大功率电力电子器件散热研究综述 [J]. 兵器装备工程学报，2020，41 (11)：14 - 20.

[8] 夏侯国伟，王当，刘业鹏. IGBT功率模块冷却技术的综述 [J]. 昆明理工大学学报：自然科学版，2017，42 (1)：69 - 73，90.

[9] 沈英东. 大功率LED三维相变热沉设计及优化 [D]. 成都：成都电子科技大学，2018.

[10] 胡锦炎. 固液相变储能热沉的理论与实验研究 [D]. 武汉：华中科技大学，2017.

[11] 刘瑞科，王超臣，李森森，等. 高功率半导体激光器散热方法综述 [J]. 光电技术应用，2019，34 (6)：1 - 6.

[12] 陈昊阳，杜巍，周晨阳，等. 换流阀内冷却系统换热特性的研究进展 [J]. 能源与环境，2023 (04)：72 - 76.

[13] 李振动，杨敏祥，贺俊杰，等. 高压直流断路器结构与原理 [M]. 北京：中国电力出版社，2021.

[14] 王利桐. 混合式高压直流断路器中IGBT动静态特性及建模方法研究 [D]. 北京：华北电力大学，2022.

[15] 卫宇辰，郭小江，候永超. 孤岛方式下高压直流断路器带电的暂态特性分析 [J]. 机电信息，2021 (17)：20 - 23.

[16] 李明兴. 换流阀冷却系统结垢的危害评估与非拆卸检测 - 除垢方法研究 [D]. 重庆：重庆大学，2021.

[17] 邓晓，何勇，余波. ±800kV新松换流站换流阀外冷却系统选型与设计 [J]. 四川电力技术，2018，41 (05)：43 - 48.

[18] 伍珣，刘嘉文，李红伶，等. 一种SH - ResNet模型的换流阀外冷却系统最优化选型方法 [J]. 哈尔滨工业大学学报，2022，54 (09)：83 - 92.

[19] 张朝辉，梁秉岗，林康照. 高压直流换流阀冷却水系统优化措施 [J]. 电工技术，2019 (22)：35 - 37.

［20］ 张增明，赵栋，陈学良，等. 换流阀外冷系统金属软管在线更换技术分析与改造［J］. 湖南电力，2021，41（6）：80-84.

［21］ 刘辛裔，王森，王翔，等. 阀内冷主循环泵在线监测系统的研究［J］. 通信电源技术，2018，35（11）：64-65.

［22］ 付兵非，耿要强，王晓锋，等. 换流阀冷却系统三通回路电动调节阀优化设计［J］. 电工技术，2022（17）：154-155＋159.

［23］ 崔凤庆. 高压直流输电工程换流阀冷却系统仿真试验平台研制［D］. 郑州：郑州大学，2017.

［24］ 武小芳，刘甲森，马超洋. 换流阀冷却系统频繁补气排气的原因分析及解决措施建议［J］. 自动化应用，2023，64（01）：63-65.

［25］ 谢攀. 闭式冷却塔应急风机电机选型及加装方案研究［J］. 电工技术，2023（05）：211-213.

［26］ 王顺喜，路小虎，王海宁，等. 天然气加工闭式冷却塔喷淋循环水系统清洗除垢方案探讨及实施［J］. 能源与环保，2022，44（03）：169-173＋179.

［27］ 曾小丽. 天生桥换流阀冷却系统外冷水软化技术研究［D］. 广州：华南理工大学，2019.

［28］ 张增明，金海望，赵栋，等. 多功能控制阀在换流阀外水冷原水预处理系统中的设计与应用［J］. 东北电力技术，2022，43（8）：45-49.

［29］ 刘钊，史磊，李昊，等. 基于 PLC 控制的换流站阀冷却系统保护现场校验技术研发［J］. 宁夏电力，2020（4）：35-39.

［30］ 李育宁，郝然，刘磊，等. 基于 ZYNQ 平台的阀冷控制保护装置［J］. 电子测试，2020（8）：5-8，25.

［31］ 梁馨玉，耿要强. 基于龙芯的新型阀冷控制保护系统的硬件平台设计［J］. 自动化应用，2023，64（13）：141-143.

［32］ 杨铖，吴安兵，李剑芳，等. 换流阀冷却系统主泵监测控制及其应用［J］. 广东化工，2020，47（24）：119-120，104.

［33］ 杨柏森，任海莹，孔德卿，等. ±500kV 柔性直流换流阀冷却系统方案设计［J］. 电气应用，2021，40（1）：83-90.

［34］ 李淑惠，杜思涛，蔡常群，等. 基于复合冷却的换流阀冷却系统温度控制策略研究及应用［J］. 自动化应用，2018（6）：9-10.

［35］ 徐明，温亚磊，胡晓磊，等. 换流阀冷却系统主回路流量关联进阀压力的跳闸保护逻辑研究［J］. 自动化应用，2023，64（10）：114-116.

［36］ 刘孝，钱逸磊，闫全全. 一起换流站阀水冷系统故障问题分析及处理［J］. 电力与能源，2023，44（3）：296-300.